大展好書　好書大展
品嘗好書　冠群可期

熱門新知 4

圖解科學的神奇

鳥海光弘／主編
久我勝利
佐久間功 ／著
李久霖／譯

品冠文化出版社

前言

本書主題「科學的神奇」，指的是存在所有物質的世界。原本科學有兩種，一種是與生物的起源有關的科學，另一種則是與新素材和新能源的開發、新型汽車、飛機、太空船、電子、電氣機器等的開發有關的科學。以前和現在的差距在於，以前是以理解自然爲主的「理學」和以研究爲人類著想的技術的「工學」來區分。但是現在兩者可以互相納入彼此的範圍，所以，就算基本觀點不同，也不必加以區別。

科學關心的事情已經涵蓋所有的範圍。人對於所有相關的現象都感到關心，但是對於「什麼是相關的」這個問題卻很難回答。

現代科學擁有豐富的「了解相關關係的方法」。

擁有8ｍ透鏡的日本的「昴望遠鏡」或ＮＡＳＡ的「哈伯太空望遠鏡」，可以讓我們一窺宇宙深處，在岐阜縣神岡的巨大水槽「Supercamiocande」可以藉著捕捉到基本粒子中微子，而有助於調查宇宙的構成。另一方面，使用「最大電子顯微鏡」這種「科學的武器」，就可以看到原子的形狀。此外，地表上排列了許多高感度的地震計，同時也有「地球內部」的CT掃描裝置，藉此可以從地震波的傳達方式了解地球內部的情況。

因此，以往人類以眼、耳、鼻、舌、手腳無法看到的東西，現在都看得到了。

現代可以說是無所不能的時代。

電腦可以製造出模擬世界。例如關於原子，只要輸入氯和鈉的資料，就可以形成食鹽的結晶。

在工學領域，最近製造出「機器狗」。飛行世界運載人與貨的客機，幾乎都是以電腦操控。噴射機是如何在空中飛翔的呢？這也完全可以在電腦中模擬出來。還有現在遍布全世界的網際網路，開始了以那斯達克爲代表的金融交易等電子經濟活動。藉著電子的遙控操作，也可以進行看護、醫療、教育及農業等。

目前已經解析大量的科學並加以應用，但還是有很多不了解的部分。

從各方面來觀察事物，找出「看起來可能會變成這種情況的理由」、「會變成這種情況的原因」，以及「接下來會變成什麼情況」，這就是科學的主題。雖然現在看起來好像已經解答了許多現象，但是並非如此。令人困擾的是，不了解的事情不斷的增加，事實上，「該怎麼樣才能夠了解呢」，愈是思考這個問題，反而愈讓人無法了解。這是因爲科學已經用整體的角度來看「複雜的現象」。

二十世紀之前的科學，是將複雜的自然現象分解爲簡單的要素來觀察。分解之後重組，可以進行某種程度的「預測」。

這個預測必須以「能夠重組」爲大前提，但是只有在稱爲「線性世界」的範圍才適用，在變化或力較大時，就不適用了。

因爲重疊而出現多餘的世界時，就會形成「非線性」的世界。事實上，從十九世紀開始，科學就已經知道非線性世界的存在，不過依然朝著「如果變化較少，則仍然是線性，沒問題」的方向前進。但是，科學的對象不斷擴大，很多自然現象，尤其是地震、火山爆發、地球環境、天氣、海流異常等，還有股價變動、匯率變動等種種的經濟變動，以及生物的興亡盛衰、進化等，在處理這些問題時，就需要「混沌」、「結晶」等新的概念。現代科學已經產生「複雜性」這種以往人類所無法思及的更進一步想法的基準。

本書除了解析二十世紀的科學，同時也傳達迎向二十一世紀所創造出來的科學的趣味性。對於現在依然完全無法了解的疑問，例如「何謂生命」、「何謂第六感」、「何謂超能力」等，都會嘗試解說。繼續看下去，就會了解到光靠科學無法了解的自然。

也許從中會產生很多趣味性。就算是遠古時代的人所想的事情，也具有科學的趣味性。請大家打開想像之門。

寫於本鄉的咖啡廳

鳥海　光弘

目錄

PART 2

「到底應該怎麼說呢？」無法想出來的科學法則

雖然聽過卻無法說明，可是如果記住它，也許就會有幫助喔！

PART 3

身邊的高科技及最尖端技術的構造

包括經常使用的東西以及未來可能「經常使用」的技術

PART 4

神秘的生命構造

仔細想想，關於神秘的「生命」，你到底了解到什麼程度呢？

PART 5

自己也不知道的人體的奧妙

理所當然的日常睡眠是「人體」的高度構造

PART 6 眞實還是謊言？神奇的科學之謎

不要只是一味的加以否定，也許這是迎向未來的超科學、超技術的入口

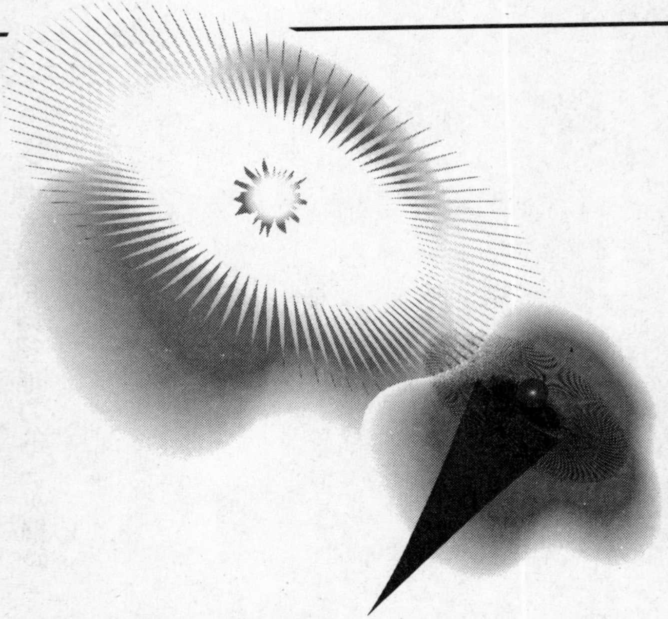

★宇宙是在何時、如何開始的？
★真的有外星人嗎？
★真的能夠製造出時光機嗎？
★月亮來自何處？
★何謂海水溫度上升現象？
★何謂黑洞？
★為什麼會產生靜電？
★為什麼可以看到海市蜃樓？
★為什麼彩虹是七色的？

PART 1

讓人聽到問題無法立即回答的自然的神奇

從宇宙的創造
到地上的怪現象
全都能夠用科學來證明嗎？

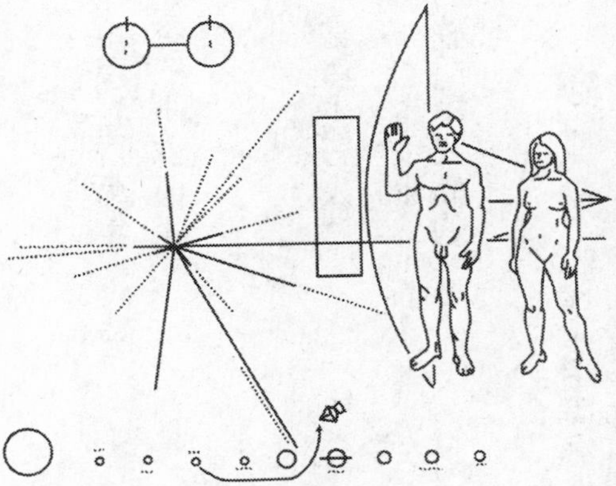

宇宙是在何時、如何開始的？

雖然聽過大爆炸和宇宙的膨脹，但是……

◆宇宙是在一百五十億年前誕生的嗎？

人類開始有文明是在一萬年內的事情。我們大概在距今五百萬年前和猴子分道揚鑣，各走各的路。地球上有生命誕生是在三十六億年前，地球的誕生則是在四十六億年前。

那麼，宇宙究竟誕生於何時呢？

現在，一般認為宇宙是在一百五十億年前誕生的，當然也有人持不同的看法，總之，大約是在數十億年到一百六十億年以上的時間。不管採取任何說法，與人類的歷史相比，宇宙的歷史的確超出我們的想像相當的長。

◆宇宙不斷擴大

宇宙的年齡，到底該如何測量呢？

如果正式進行天體觀測，就會發現遠處的銀河不斷的後退，令人想到**多普勒效應**。只要觀測就會發現，幾乎所有銀河光的波長都會藉著多普勒效應，由本來應該呈現的正確顏色的波長朝紅色接近，形成

＊多普勒效應

參照七十頁。帶有波的性質的東西，藉著震盪源的移動，波長會跟著改變。

紅方偏移的現象。天文學家哈伯根據這些資料，發現遙遠銀河快速倒退的現象。

所以宇宙應該是在不斷的擴大中。如果我們將時間往過去推，那麼就應該知道，宇宙原先是很小的。如果不斷的將時間往過去倒退，就會集中在小小的一點上，這應該就是宇宙一開始的姿態。

從宇宙膨脹的速度來算出宇宙只有一點的時間，就可以知道宇宙是從什麼時候開始的。具體而言，根據任何銀河與地球的距離和後退速度（遠離的速度），就可以算出宇宙僅為一點的時間。但是，這裡又出現一個問題，亦即宇宙是否以相同的速度膨脹，還是一邊減速一邊膨脹呢？受到這些因素的影響，計算結果當然有所不同，所以關於宇宙的年齡，仍然無法找出決定性的數字來。

◆火球宇宙的登場

宇宙從某一點爆炸膨脹的說法，稱為「**大爆炸理論**」。宇宙最初比**基本粒子**還小，這已經是超越一般常識的理論了。宇宙所有的物質聚集起來以後，就形成如小點般的大小，後來又變成令人難以置信的高密度、高溫的「火球」。

剛誕生的宇宙，其大小應該只有10^{-34}公分。這麼小的宇宙，當然無法適用高密度、高溫、高重力等一般的物理法則，因此稱為「特異

***大爆炸理論**
美國物理學家喬治·加諾夫在一九四八年所提出的理論。

***基本粒子**
↓參照三十二頁。

點」。

◆無是一種什麼都沒有的狀態嗎？

但是，大家可能有一種理所當然的想法，亦即「宇宙的誕生是在一百五十億年前，那麼，在更早之前到底是什麼樣的情況呢？」這是個很難回答的問題，因為目前關於特異點之前的**完全沒有痕跡**狀況，無從了解。

也許在宇宙誕生之前，根本沒有宇宙，因為是「無」。但是，為什麼會從無誕生宇宙呢？

宇宙論所說的「無」，和我們一般所說的「無」不同。要了解這一點，就不能使用常識性的邏輯，必須以研究物質最小單位原子的學問「**量子論**」來探討這個問題。以量子論來看，到達原子階段的大小時，會出現構成原子的基本粒子有時存在、有時不存在的情況。也就是說，雖然「無」是什麼都沒有的狀態，可是卻隱藏著生出物質的潛在能量。

最接近這種想法的是，離尖端科學最遠的東方思想。尤其佛教所說的「空」的概念就是如此。它並不是什麼都沒有的「無」，而是具有能夠產生所有一切的可能性，只是目前處於什麼都沒有的狀態，這就是「空」。這也許就是在暗示我們宇宙誕生前的狀態吧！

＊完全沒有痕跡　因此，以往一直認為宇宙沒有開始也沒有結束。愛因斯坦本來也是這麼想，因此設定了能夠解決相對論方程式矛盾的「宇宙項」常數。後來視其為「人生最大的污點」而撤回。

＊量子論　→參照七十六頁。

宇宙是由一點爆炸膨脹而形成的

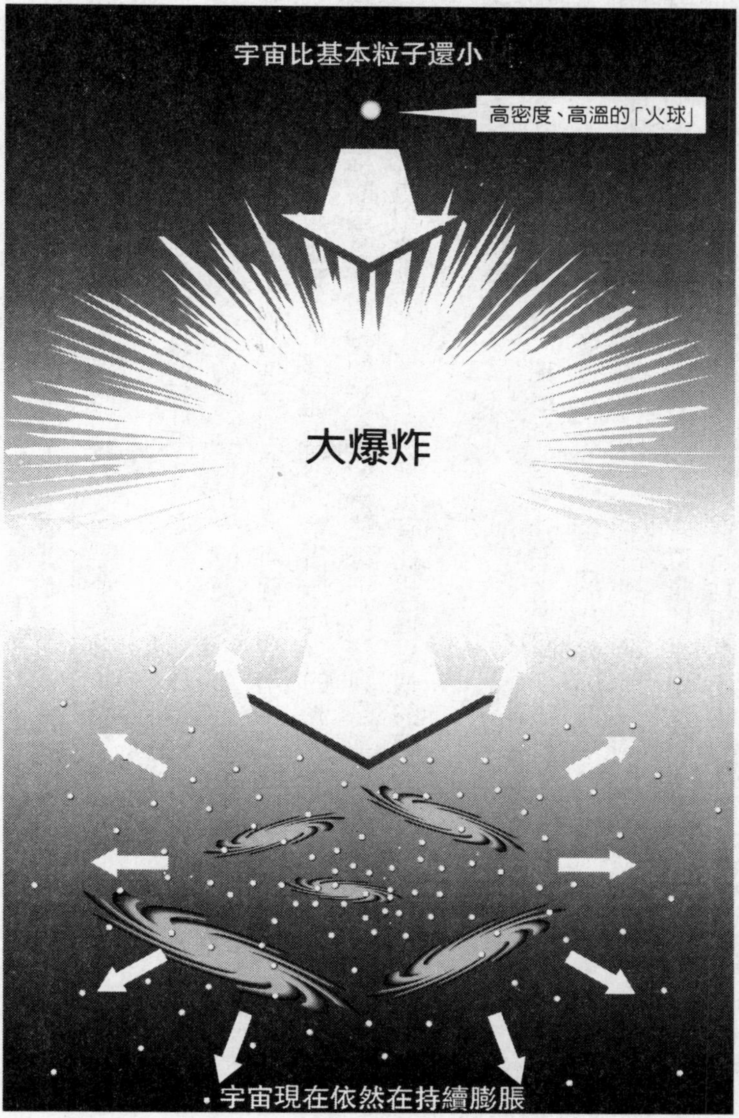
宇宙比基本粒子還小
高密度、高溫的「火球」
大爆炸
宇宙現在依然在持續膨脹

2 宇宙的盡頭是什麼情況？

在「地平線」的那一端是牆壁還是瀑布呢？

◆在一百五十億光年之外到底有什麼？

現在理論上了解宇宙的大小約為一百五十億光年，那也就是「宇宙的地平線」。如果利用光速前進，則要花一百五十億年才能到達宇宙的盡頭。我們無法觀測到利用光速倒退的宇宙所產生的光，那就好像從時速六十公里的車上，將相同速度的球往後扔，球只是當場落下而已。同樣的情況也出現在光上面。因此**沒有比光速更快的速度**，這就是宇宙的盡頭。

◆宇宙沒有盡頭也沒有中心

如果能夠到達宇宙的盡頭，那麼會看到什麼情形呢？事實上，宇宙沒有盡頭。大家可能很難想像這一點。宇宙空間是彎曲的。宇宙也沒有中心，宇宙可以以任何一顆星為起點，宇宙的大小為一百五十億光年？在說明很難理解的宇宙形貌時，通常會以氣球來做比喻。在氣球表面上畫很多的點，然後把氣球吹起來，這時點和點之間的距離會逐漸拉長。把每個點都視為一個銀河，就可以想像出膨脹中的宇宙姿

＊沒有比光速更快的速度

用光速航行的太空船的相對速度也成為光速。正確的相對速度f的公式如下。太空船的速度為a、b，光速為c時

$$f=\frac{a}{1+\frac{a}{c}}+\frac{b}{1+\frac{b}{c}}$$

平常的速度範圍為a／c或b／c，大致會成為0，相對速度大致為a／1＋b／1，光速接近時，

宇宙沒有盡頭也沒有中心

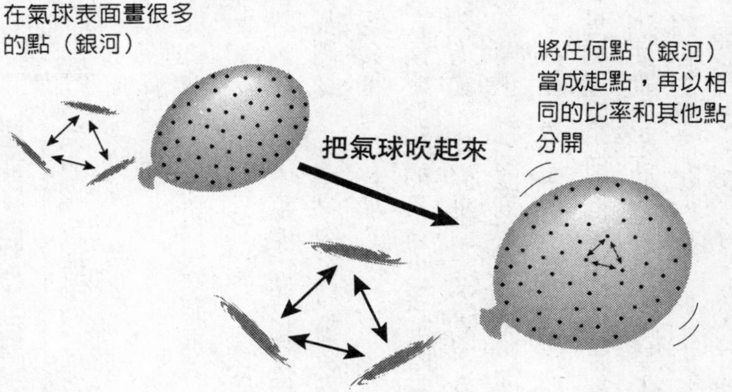
在氣球表面畫很多的點（銀河）
把氣球吹起來
將任何點（銀河）當成起點，再以相同的比率和其他點分開

態了。

氣球表面沒有中心，任何點（銀河）都可以當成起點，這個點和其他的點（銀河）以相同的比例分開。因此，宇宙的大小為一百五十億光年，只是從地球上可以看到的最遠距離，也就是氣球內側為一百五十億光年。

但是，這只不過是以氣球表面為面（曲面）的世界而提出的數值，如果再考慮立體空間彎曲的實際宇宙，那麼恐怕就很難用氣球來做比喻，大家只能大致的想像一下。

從氣球的解說，大家就可以了解，火箭朝宇宙的盡頭衝去，結果宇宙好像氣球般裂開的漫畫，事實上是不可能發生的。

a、b變大，光速成為1。結果就變成c／2＋c／2，合計就變成c（光速）。

3 真的有外星人嗎？

我們「地球人」是居住在地球這個星球上的外星人

◆火星上有生命嗎？

抬頭仰望夜空，可以看到很多星星。這些星星幾乎都是稱為恆星，與太陽同類的星或銀河。其中也有一些星球和太陽一樣擁有行星。當然，行星當中可能也有和我們地球一樣存在著生命的星球。

在我們身邊的星球中，被認為最可能存在著生命的是火星。因為可以確認火星曾經有水的存在。一九九六年，NASA（美國太空總署）從在南極發現的**來自火星的隕石**上發現微生物的痕跡。

另一方面，比火星距離太陽更遠的行星（木星、土星、天王星、海王星、冥王星）溫度太低，而比地球距離太陽更近的金星和水星溫度又太高。從這點來看，地球正好位在適合生物誕生的微妙位置上。

火星的溫度也很低，但是據說有某種生物可以生存。此外，也可能有火山活動。因此，木星的衛星木衛二（EUROPA）受到火山熱的影響，可能有生命存在。

那麼距離地球最近的月球又如何呢？NASA最近發表，在月球

＊來自火星的隕石
命名為ALH84001，為重達一・九公斤，如馬鈴薯般大的隕石。一六〇〇萬年前，因為和其他天體互撞而飛出的火星的一部分。一萬三千年前落在南極。在其上發現酷似細菌化石的蛋形物和管狀物。

宇宙中真的有智慧生命體嗎?

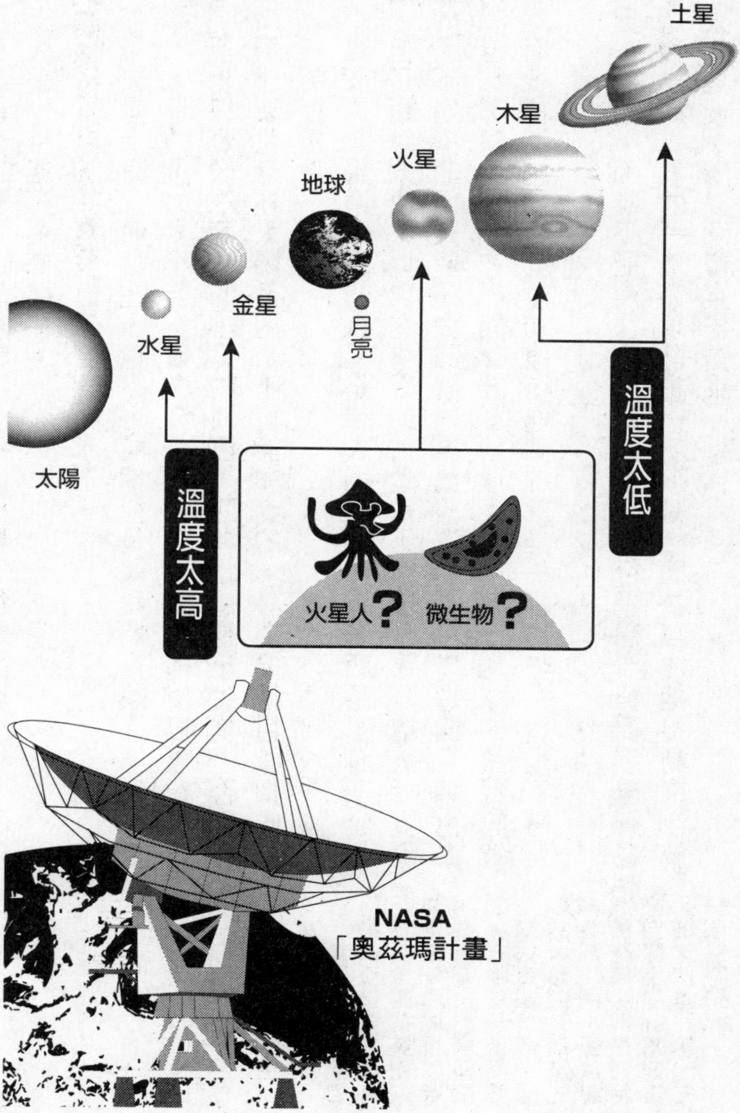

的南極和北極存在著六十億噸的冰。不過根據以往的月球探查，發現月球上幾乎不可能有生物存在。

◆太陽系以外存在著智慧生命體嗎？

如果火星上有生命存在，也不可能期待是像我們人類這種高等生物一樣。火星的重力太小，空氣會流失到宇宙空間。即使可以在那裡棲息，但也只是像細菌般的小生物而已。除非是這種小生物，否則智慧生命體想要生存在太陽系內是不可能辦到的，必須要把目標指向太陽系以外的行星系。

距離我們太陽系最近的恆星是半人馬座的普洛基西馬，有四光年之遠。但是距離太遠，以現在科學的力量是不可能到達該處進行實際調查的。不過探測用火箭「**先鋒號**」，已經安裝了可以探測智慧生命體的訊息球。只是雖然在裡面存放了地球人的姿態、地球的位置等資料，然而根據這些是否就能知道所遇到的就是外星人呢？這也不得而知。

另一方面，因為不能前往，因此，美國進行了想要捕捉宇宙智慧生命體發出的電波的「奧茲瑪計畫」。但是，因為無法捕捉到來自於外星人的電波，所以計畫宣告結束。

＊先鋒號

美國送上太空的行星偵查機。因為航行在從太陽系突出的軌道上，所以可以收集智慧生命體的訊息。左邊的插圖就是在描繪這個情景。圖中的人類與軌道及先鋒號成比例，呈放射狀的線條，則是利用來自脈衝星的電波表示地球位置和送出先鋒號的時間。

發給外星人的訊息

在先鋒號的儀表板上
畫著男女人類及太陽系等

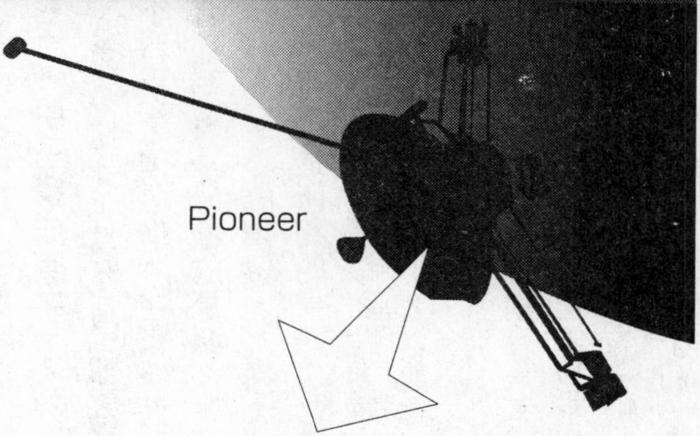

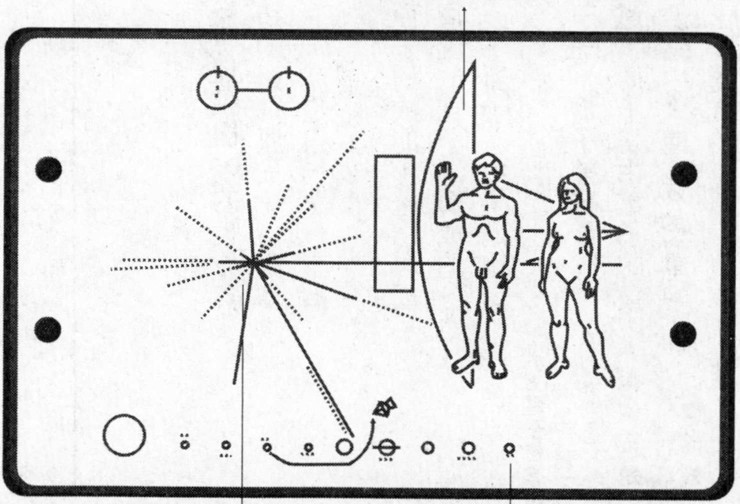
與先鋒號成比例的人類大小
與 14 個脈衝星和銀河系的中心相比，藉此可得知太陽位在何處
太陽系的行星及其排列位置

4 物質的最小單位？

還有比基本粒子更小的單位

◆電子、質子、中子構成原子

『鐵腕ATOM』，是已故的手塚治蟲所杜撰出來的世界英雄。但是ATOM這個名稱，在科學世界裡指的是「原子」。原本是希臘文，意指「無法分割的東西」。換言之，就是再無法分割為更小的東西，是指最小的單位。

我們的身體和身邊所有的東西，都是由原子構成的，這已經成為一種常識。原子是由原子核和在圍繞在其周圍的電子所構成的。原子核又可以分為質子和中子。以前認為電子、質子、中子是物質的最小單位。

電子、質子、中子等粒子稱為「基本粒子」。**電子帶有負電**，質子帶有正電，中子則既不帶正電也不帶負電。原子是由電子的負電和質子的正電互相吸引所構成的。所有原子當中，構造最簡單的就是氫原子，氫原子是由一個電子和一個質子所構成的。

***電子帶有負電** 帶有正電的是「陽電子」，帶有負電的則是「反質子」，此外，還有由此構成的「反物質」。

所有物質都是由原子構成的

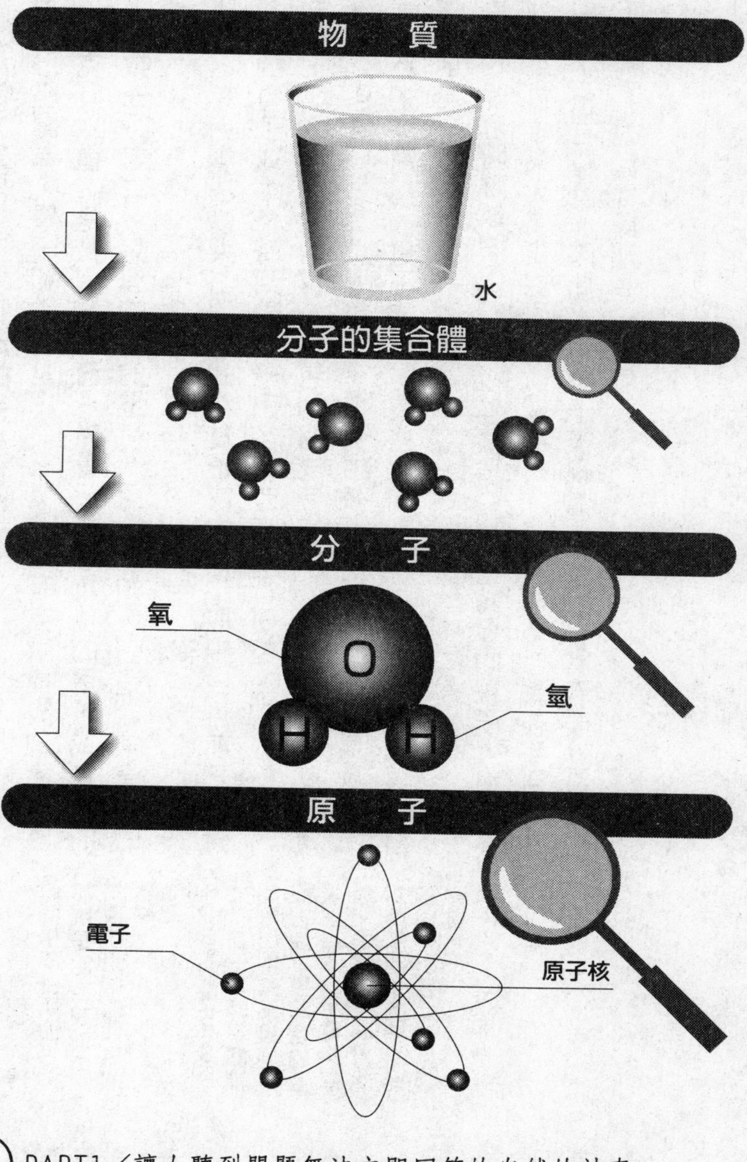

◆夸克（QUARK）是物質的最小單位嗎？

現在已經認為，質子和中子是由比它更小的夸克所構成的。如圖所示，夸克有六種，是被視為電荷（電量）最小單位的電子或質子的三分之一或三分之二，只有一半的電荷。由此可知，它是非常奇妙的粒子。

此外，夸克無法以人工的方式從質子或中子中取出。目前正在對自然界中的質子或中子遭到破壞飛出後的夸克進行研究。

此外，構成原子的物質，還包括構成夸克以外的物質，也就是電子、μ子（muon）、DOW粒子、電子中微子、μ中微子、DOW中微子等小粒子，別稱「電子族」。這些就和夸克一樣，是無法再分割的基本粒子。

原子核瓦解時離散的中微子，以往被視為質量為零的粒子。但是，一九九八年日本東大宇宙線研究所觀測巨大水槽「Supercamiocande」，證明中微子也有質量。因此，中微子被視為佔宇宙質量大部分質量的「黑暗物質」的真實身分。

＊夸克
由夸克理論的提倡者格爾曼所命名。據說是出自詹姆斯．喬斯小說中的海鳥的叫聲。

＊Supercamiocande
在日本岐阜縣神岡町山中的某設施。設在地下極深處的巨大水槽，容量數千噸。中微子等通過此處時所產生的帶電粒子，可以藉此設施觀測到。

物質的最小單位是什麼？

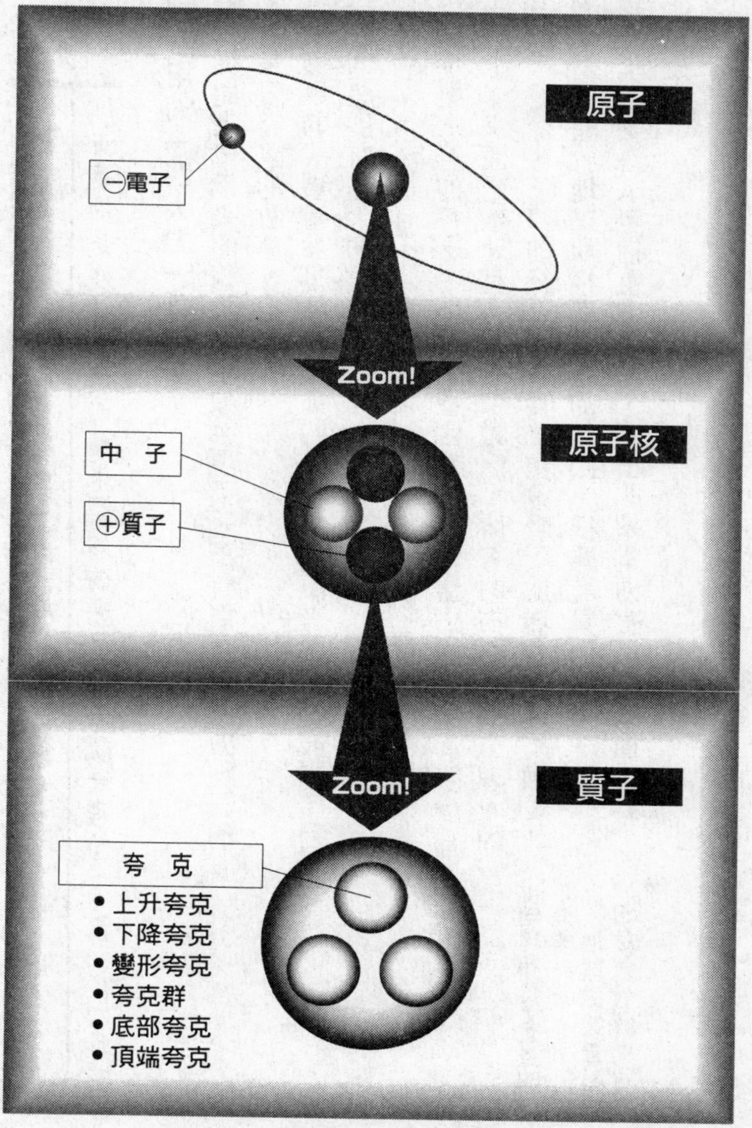

5 引力或重力的重量根源是什麼？

★真的是從掉下來的蘋果開始的嗎？力的統一理論

◆支配宇宙的「四大力」是什麼？

看到從樹上掉下來的蘋果，牛頓發現了「萬有引力（重力）」的法則。這是很有名的故事。

這個蘋果的故事當然是杜撰出來的。總之，萬有引力的發現，對日後科學的發展有極大的貢獻。

作用於宇宙的力量中，在我們日常生活中可以感覺到的就是重力。放開手上拿著的杯子，杯子就會因為地球的重力而掉落。

事實上，不僅是地球有「萬有引力」，所有的物體都有重力。因此，看起來好像往下掉的杯子，事實上也會吸引地球（這只不過是計算值的問題，關於**地球和杯子重量的差距**，很難計算出來）。

物理學上認為，包括重力在內，宇宙的基本力有以下四種。

①電磁力
②強力
③弱力

＊地球和杯子重量的差距
地球的質量為5.974×10的21次方噸。

④重力（萬有引力）

為什麼這四種力稱為「基本力」呢？因為宇宙所有的力都可以用這四者來說明。有這四種力，現在這個宇宙才得以存在。

首先，①電磁力就是電力和磁力。也就是電的＋和－、磁石的N磁和S極互相吸引的力量，以及＋與＋、－與－、N極與N極、S極與S極互相排斥的力量。當然，原子的原子核（＋）與電子（－）的結合，也是一種電磁力。

原子核中的夸克互相結合的力量，則是②的「強力」。為什麼會有這種稱呼呢？因為這股力量強大，以現在的技術還無法分開夸克。

此外，原子核瓦解時（**β瓦解**），發揮作用的是③的「弱力」。這時原子核中的中子瓦解，放出電子和中微子，變成質子。

再加上④的重力，就稱為「四種力」。

＊β瓦解　原子核放射β射線（電子的流通），轉換為其他種類的原子核的現象。放射電子後的原子，原子編號減少了1。可以觀測到基本粒子的β瓦解。

◆四種力原本是相同的力量嗎？

現在的理論認為，這些力量在宇宙開始時是合而為一的力量，隨著宇宙的進化，慢慢的分為四種力量。

想要證明這四種力中除了重力之外的另外三種力相同的是「大統一理論」，而要說明四種力完全相同，則是「超大統一理論」。

事實上，目前還無法用實驗加以證明。

現在只知道「電磁力」和「弱力」是相同的力。在某種程度以上的能量之下，這兩種力可以變成同一種力。

要產生這種能量，必須使用加速器（將電能加入粒子中，加速到接近光速速度的裝置）。如果以東京來看，則需要能夠讓**山手線**旋轉的巨大加速器。

＊山手線　環繞東京都中心都市的ＪＲ線。一周約三十四・五公里。

若要以實驗證明這項「大統一理論」，則需要能產生更大能量的裝置。目前製造這種設備在資金上有問題，所以無法證明這項理論。

當然，「超大統一理論」也是一樣，因為需要非常巨大的設備。在日本出現泡沫經濟時，美國曾經要求日本在金錢上予以支援，但是，日本正陷入經濟不景氣的狀況中……。

宇宙的4種力

①電磁氣力

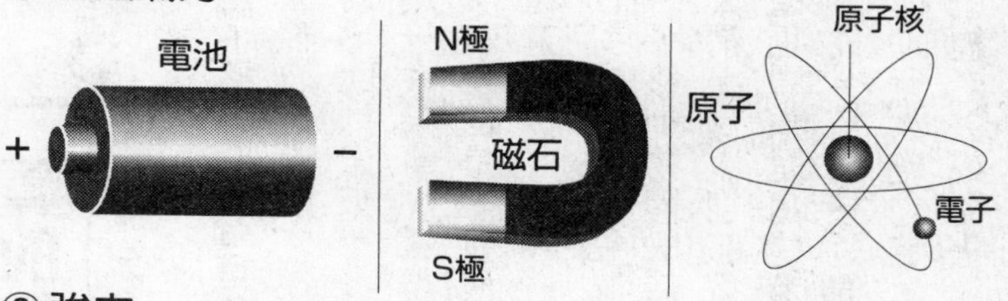

②強力

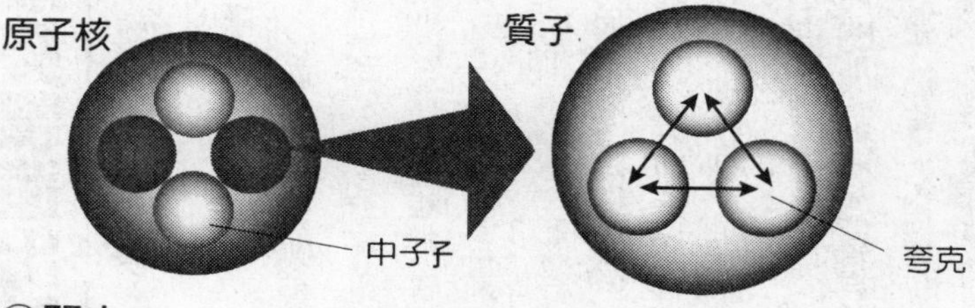

③弱力

④重力(萬有引力)

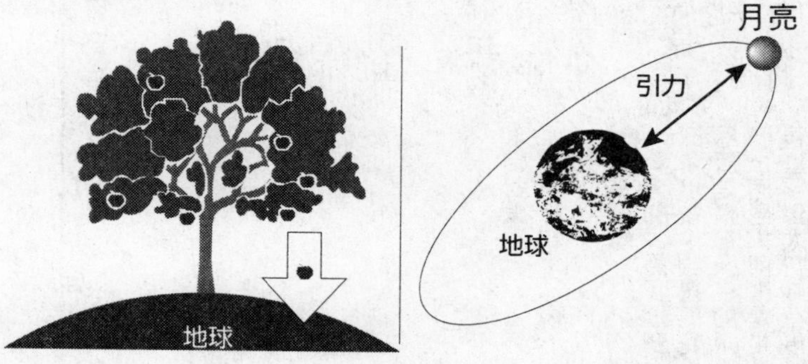

6 真的能夠製造出時光機嗎？

雖然不知道何時才能夢想成真，但理論上的確可行……

◆理論上時間旅行可行嗎？

歷經數次失敗之後，不管是誰，都希望能夠回到從前。從『小叮噹』到『回到未來』，如果科幻世界中的「時光機」真的存在，那麼的確是一大樂事。實現時間旅行的可能性到底有多少呢？理論上是可以實現的。但是，並沒有可以到過去、未來的方便機器，必須利用其他各種方法。

回到未來的方法，可以以愛因斯坦的**相對論**為啟示。看到靜止的東西時，移動物體的時鐘在緩慢前進著。如果雙胞胎之一坐在接近光速的火箭上到太空旅行，則回到地球時，可能比在地球上的兄弟更年輕。這種現象是可能發生的。

因此，搭乘接近光速的火箭（如果有的話）回到未來，用好幾年的時間進行太空之旅。幾年之後，自己仍然維持原來的面貌，可是朋友卻已經老去或死去。就好像從龍宮城回來的浦島太郎一樣。有人將這種現象稱為「**浦島效應**」。

***相對論**
參照七十二頁。

***浦島效應**
有的人看了這個故事以後，認為烏龜應該是飛在天空的飛碟，浦島太郎則是坐著幽浮到太空旅行後回來的人……。

按照這樣的方式可以進行時間旅行！

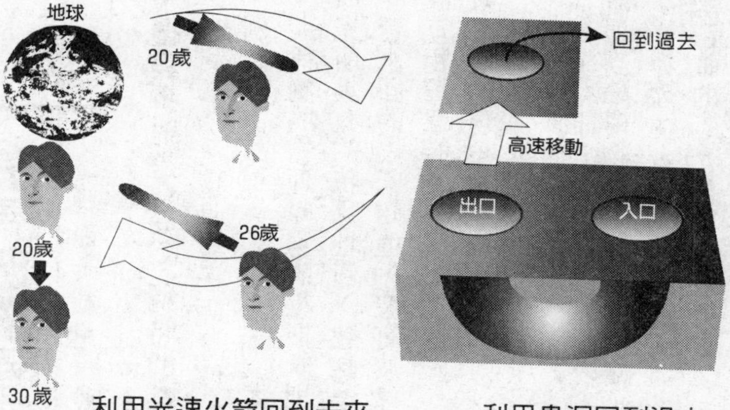

利用光速火箭回到未來　　利用蟲洞回到過去

◆使用蟲洞的方法

回到過去的方法，是利用蟲洞的時間旅行。蟲洞是指「蟲食洞」，即能夠穿越**時空**的洞。是連接不同時空的場所，可以利用兩個出入口回到過去。

兩個出入口中的一個為入口，另一個為出口。在出口必須借用一些力量，以接近光速的速度快速移動。從先前的「浦島效應」可知，出口的時間比較慢，從入口通過出口，就可以回到過去。

雖然理論上可行，但是，實現的可能性幾乎沒有。因為蟲洞只存在於理論，目前還沒有被發現。

＊時空　時間與空間（參照七十二頁）總稱的概念。要了解相對論，就一定要有時空概念。

7 光是波還是粒子？

這些都是利用一般常識難以思考的問題

◆干擾與折射是「波」獨特的性質

光到底是波還是粒子呢？關於這個問題，長久以來一直都有爭議。例如，以發現地心引力而著名的牛頓，就是屬於「光是粒子」派，而荷蘭的物理學家惠更斯，則屬於「光是波」派。

光所具有的特殊性質，包括「干擾」和「折射」。

看水面的波就知道，波有波峰和波谷。所謂「干擾」就是，兩個波峰互相撞擊時會形成更高的波，而波谷與波谷撞擊時則互相抵消，波會變小的現象。

「折射」則要利用聲音來理解。音有音波，這也是一種波。在音響和自己之間，就算有板子阻擋，也可以聽到聲音傳來。換言之，就算波遇到障礙物，但是卻有繞道而行的性質。這就是折射。

光會產生波的性質「干擾」和「折射」，所以「光是波」的說法才是正確的。光是**電磁波**，也是一種波。

*電磁波 參照六十八頁。

光是波還是粒子呢？

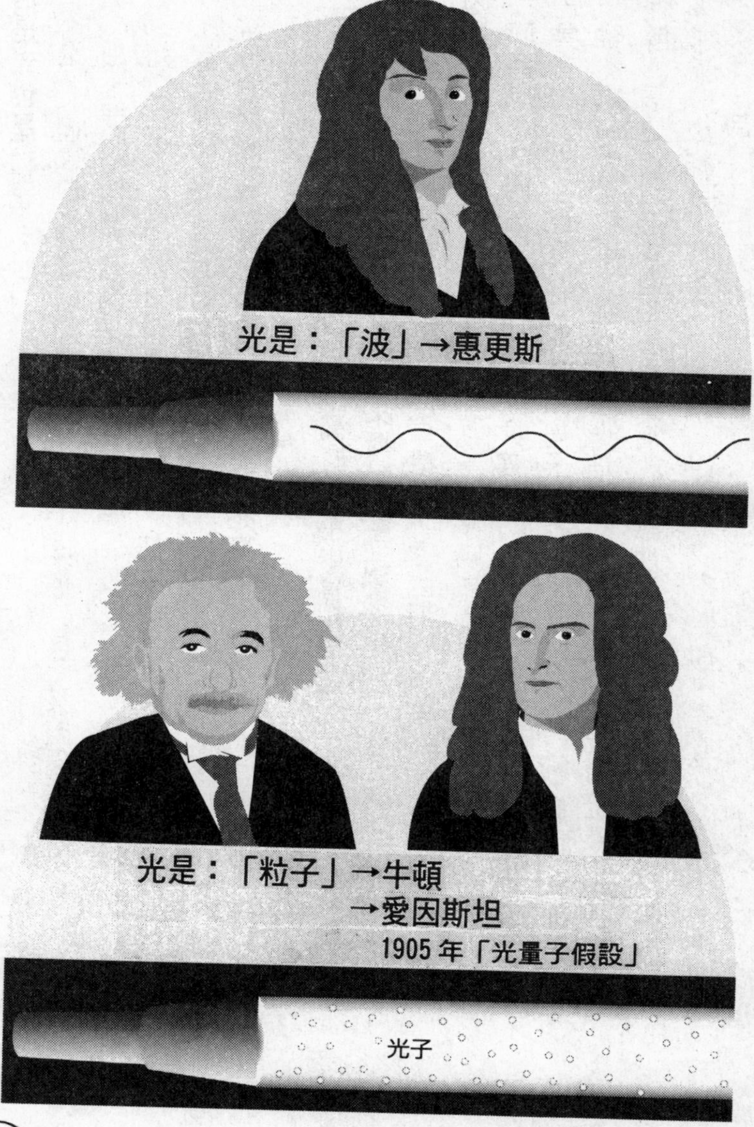
光是：「波」→惠更斯
光是：「粒子」→牛頓
→愛因斯坦
1905 年「光量子假設」
光子

◆但是光也是粒子

不過，事情並沒有這麼簡單。進入二十世紀之後，又出現「光是粒子」派。提出這個理論的是愛因斯坦。

一九〇五年，愛因斯坦發表**三大論文**，其中之一就是「光量子假設」，敘述他發現光具有粒子的性質。

*三大論文
參照七十四頁。

當時的謎團是「光電效應」的現象，如果把光想成粒子，那麼就可以解決這個問題。

所謂光電效應是指，光碰到金屬時，電子會釋放出來的現象，可以說明光是帶有能量的粒子。後來攝影機等很多電器就應用這個現象。很多人可能會感到意外的一件事情是，愛因斯坦得到諾貝爾獎就是因為提出光量子假設。

回到原來的問題。現在認為光具有波的性質和粒子的性質。考慮到光具有粒子的性質時，光稱為「光子」。

雖然認為光是粒子，也有說明光是波的理論，但是，大家仍然很難理解。這是我們這些過著社會生活的人無法了解的知識，不能夠當做「常識」來探討。

何謂光電效應

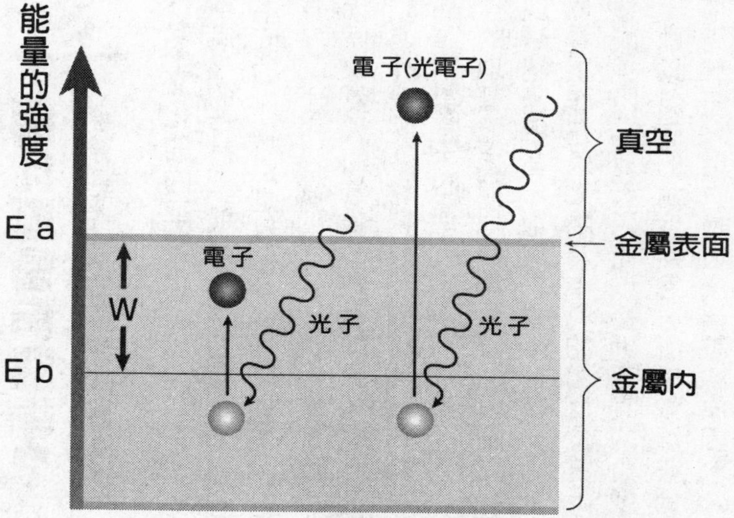

　　將 Ea 視爲在眞空中靜止電子的能量時，則比金屬內電子的能量更高。

　　此外，爲了使電子釋出，需要 Ea 以上的能量。

愛因斯坦的說明

釋出的運動電子的能量 ＝ 光子的能量 － W（工作函數）

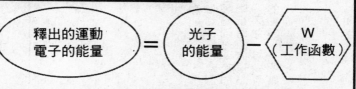

8

為什麼會有四季?

孕育豐富自然與感性的構造

◆粧點日本文化的四季變化

日本風土的特徵，就是四季的變化。有四季的不光是日本而已，但四季不同的風物正是日本文化的特徵。四季按照時序出現，事實上，這實在是不可思議的事情。偶爾會出現冷夏或暖冬的情況，但是每年夏天就像夏天的氣候，冬天就像冬天的氣候。

這是為什麼呢?秘密就在於地球的公轉以及**地軸**的傾斜上。

◆地軸的傾斜產生四季

地球的地軸並未與地球的公轉面呈垂直，而是大約傾斜二十三度半。這就是謎團所在。地球繞太陽公轉一周為一年。夏天和冬天時，地球的位置正好在以太陽為中心的相反位置上。結果對地面的日照角度就會造成差距。夏天陽光以接近垂直的角度照射陽光，所以氣溫較高。冬天則以斜向的角度照射，所以氣溫較低。日照時間方面，夏天較長，冬天較短，這也是造成溫差的原因。

赤道附近的國家不像日本有清楚的四季變化。南半球、北半球則

＊地軸　地球的旋轉(自轉)軸為地軸。亦即連結南極點和北極點的線。因此，指南針所指的點多少有所偏差。

地球的地軸是傾斜的

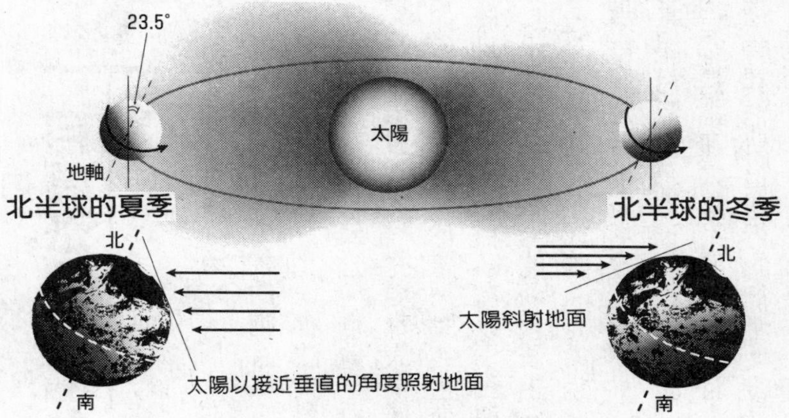

是季節相反。北半球夏季時，南半球是冬季，北半球冬季時，南半球是夏季。這也是因為地球的地軸傾斜造成的。

日本的立地條件絕佳。不光是因為位在最容易受到地軸傾斜影響的中緯度附近，同時也受到最大的大陸歐亞大陸以及海洋（太平洋）的共同影響。尤其是海洋，南下寒流和北上暖流交會的地點就在日本附近，所以冬天寒冷。而**歐洲各國**幾乎都受到暖流的影響，即使和北海道的高緯度等高，可是卻非常溫暖。日本列島所在的位置，也處於高氣壓、低氣壓通過的偏西風通道，因此會產生四季豐富的變化。

***歐洲各國** 巴黎位在比日本稚內更北的位置。與東京緯度大致相同的則是中東伊朗的德黑蘭或非洲的阿爾及爾。里斯本及雅典的緯度則略高一些。

9 月亮來自何處？

親子、兄弟、他人？隱藏著出生秘密

春天的朦朧之月、中秋的圓月……。自古流傳著很多關於月亮的描述。如果夜空中沒有月亮，會讓人覺得非常寂寞。但我們所熟悉的月亮，每年約會倒退三公分，離地球愈來愈遠。如果以這樣的想法來看月亮，是不是會覺得月亮更令人憐惜呢？距離我們這麼近的月亮，到底是如何形成的？關於這一點，目前還無法完全了解。

◆月亮的起源有三種說法

關於月亮的起源，目前有以下三種說法。

①是由地球分離出來的（親子說）。

②是和地球同時形成的（兄弟說）。

③來自於別的地方（他人說）。

①是指月亮本為地球的一部分，因為某種緣故而從地球分離，成為月亮。②是指在太陽系形成時，月亮和地球同時誕生。③則認為月亮本是繞著其他軌道運行的行星，後來被地球捕捉。到底哪一個說法才是正確的呢？

月亮的起源

「巨大撞擊說」

◆地球和月亮是親子嗎?

判斷材料之一，是阿波羅11號太空船帶回來的月亮上的石頭。分解月亮上的石頭，發現和地球的地幔成分類似。月亮和地球並非完全不同，應該是在太陽系的同一個時期誕生的。

最近大家再次評估①的親子說，也就是「巨大撞擊說」的新的親子說。亦即在地球剛誕生時，比地球更小的行星和地球衝撞在一起而產生了月球。這時地球甚至連地核都受到損傷，包括地幔在內的大量物質飛散到地球周邊，這些物質凝聚起來，就成為地球的衛星。這個說法，也可以證明月球石頭的成分和地球地幔成分類似的事實。

＊地幔
地球表面硬的部分稱為地殼，其下方溶解的岩層稱為地幔，內部藉著自己的重力固化的部分則稱為「核」。地幔會引起對流，在其上方的地殼會移動，為陸塊移動或地震的原因。

10 何謂海水溫度上升現象？

看似異常氣象，但並非異常氣象

◆數年一次的週期

最近大家熟悉的氣象用語，就是海水溫度上升現象這種獨特的說法。因為它具有獨特的語感，因此很多人都記住了這種說法。

看起來好像和異常氣象有關，感覺應該是最近才開始發生的新現象。但是，海水溫度上升是自古以來就有的現象，大規模海水溫度上升的情形，以數年一次的週期發生，並不是特別的現象。

海水溫度上升是指，南美秘魯海岸的海水溫度升高的現象。光是如此，就對世界氣象造成影響。這樣的海水溫度上升，在日本會造成冷夏或豪雨。為什麼距離那麼遙遠的南美海岸的海水溫度上升，卻連日本的氣候都會受到影響呢？

◆太平洋高氣壓的移動會帶來冷夏

海水溫度上升時，上空的空氣變得溫暖。溫暖的空氣上升，形成了上升氣流。這種空氣上升時含有大量的水分，因此產生**大量的雲**，這雲使得南美降下大雨。

＊大量的雲　含有水蒸氣的空氣上升到上空中，冷卻之後，水蒸氣變成水滴。這是形成雲的原因。

太平洋高氣壓移動所造成的海水溫度上升現象

海
①海面溫度上升時會
產生上升氣流
海
②上升氣流含有充足的水分，
形成大量的雲
④氣流移動，太平洋高
氣壓的中心挪移
冷夏
③在南美大陸降下
大雨
⑤潮濕的空氣流到西日
本，造成冷夏和大雨

上升的氣流當然一定會降落在某處。這個氣流降落的場所就在太平洋高氣壓旺盛之處。太平洋高氣壓旺盛處不斷推擠，朝東方移動，成為日本出現冷夏或豪雨的直接原因。太平洋高氣壓發生的場所移動，使得濕空氣流到西日本，造成冷夏、大雨。和秘魯海岸完全相反的則是，西太平洋（菲律賓到日本附近）的海水溫度下降，這也成為冷夏的原因。

海水溫度上升的西班牙文，意指「神之子」。也就是在耶誕節之後會出現海水溫度上升的現象，因此才有這樣的說法。代表海水溫度下降的西班牙文，則帶有「女孩」的意思，和代表海水溫度上升的神之子意思相反。

11

何謂黑洞？

什麼東西都可以吞下去的宇宙的「洞」

◆超級巨星的盡頭

和我們的一生同樣的，星球也有誕生和結束。星球依大小的不同，最後會有不同的結果。黑洞可以算是星球的末路之一。星球年紀大了之後就會變成黑洞，或是爆炸粉碎、縮小。我們的太陽在五十億年之後，會膨脹到足以吞沒地球軌道的大小，然後就會逐漸縮小枯萎，變成白色矮星。

但是，如果成為比太陽大幾十倍的星球時，最後就會引起超新星爆炸，內部因為爆發力而極端收縮。這時的力量使得製造星球原子的質子和電子結合，變成中子。

這個中子不具有電反彈力，因此可以縮小到非常小的地步，藉著自身所擁有的重力，縮小到極限為止，而且愈來愈重。接著就會發生甚至連光都無法逃出的重力。於是黑洞誕生。

◆白鳥座X・1是黑洞嗎？

黑洞的重力太大，連光都無法逃出，因此肉眼看不到。觀測時，

超新星爆炸和黑洞的誕生

超新星爆炸
製造星星的質子和電子結合，中心部形成「中子星」

黑洞的誕生
中子星的核收縮，產生甚至連光都無法逃脫的重力

也會被吸入黑洞中，只能觀測到附近天體的樣子（主要是X射線或電磁波的放射）。在黑洞周圍，由天體吸入的氣體的凝固體會發熱，釋出X射線。

實際上，現在認為可能是黑洞的，就是**白鳥座X・1**天體。就好像兩個天體在跳舞似的，是互相在對方周圍環繞的連星，一邊的天體好像黑洞，另一邊的天體則會吸入物質。此外，最近據說銀河的中心也有巨大的黑洞。

***白鳥座X・1** 據說在發現白鳥座X・1之前，宮澤賢治所著的『銀河鐵道之夜』當中就已經敘述了白鳥座有「煤袋」黑色天體存在。

12

為什麼會產生靜電？

霹靂霹靂啪啦啪啦的科學意義

◆紀元前就已經知道靜電

在冬天乾燥的日子裡，光是手摸到門把，就覺得好像觸電般麻麻的。在脫掉毛衣時，也會聽到**啪啦啪啦不愉快的聲音**。這都是靜電在作祟。孩提時代，你應該玩過用毛衣等摩擦墊板而讓頭髮豎起或吸灰塵的遊戲吧！

在紀元前就已經知道靜電的存在。用毛皮摩擦琥珀，就知道琥珀可以吸附灰塵。琥珀是天然樹脂形成化石的物質。可以把琥珀想成墊板，而毛皮就是毛衣。

但是，在很久以後才發現這是靜電造成的。當琥珀和毛皮互相摩擦時，在毛皮內的電子被彈開，暫時朝琥珀移動。電子帶有負電，因此電子較多的琥珀帶負電，電子較少的毛皮帶正電。

◆一個電子的電量

靜電是電子由某物體朝另一個物體移動時所產生的。而一個電子到底有多少電量呢？一個電子所具有的電量稱為「基本電荷」，用e

＊啪啦啪啦不愉快的聲音　脫衣服時看起來電量很少，但是電壓卻也達到數萬伏特以上。不過電流量（安培）較少，所以沒問題。如果想在觸摸到門把的瞬間減少放電，就先接觸非金屬的居家牆壁等來進行放電吧！

靜電是電子的移動

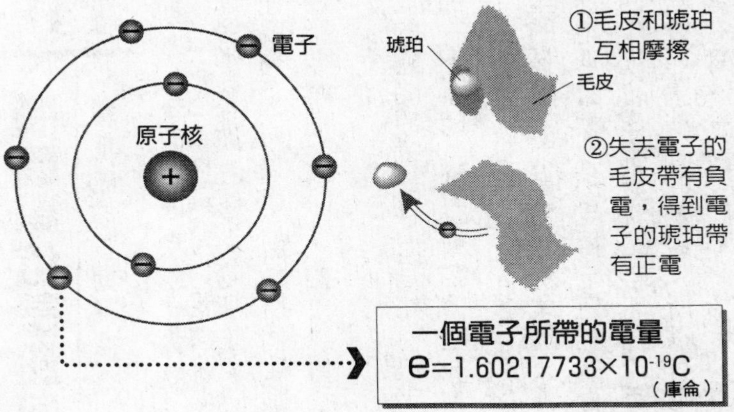
電子
原子核
+
琥珀
①毛皮和琥珀互相摩擦
毛皮
②失去電子的毛皮帶有負電，得到電子的琥珀帶有正電
一個電子所帶的電量
e=1.60217733×10⁻¹⁹C
（庫侖）

來表示。基本電荷e，是1.60217733×10的負19次方C。C讀做庫侖，表示一安培的電流在一秒內運送的電量。

e是電的最小單位，但也不盡然。三十四頁提過，質子或中子是由更小的夸克所構成的。夸克是三分之二e或負三分之一e等帶有一半電荷的物質。

到目前為止，還無法成功的單獨取出夸克。事實上，現在只能把基本電荷e視為電的最小單位。

13 時間單位是如何決定的？

從地球的移動到微波的波長

◆最初是以一年反算來決定一秒

你聽過「剎那的」或「剎那主義」吧！不考慮先後的問題，只要把握現在就夠了。但是，剎那這個字眼，原本是表示時間長度的佛教用語，意指非常短的時間。如果以傳承來計算，則大約是七十五分之一秒。

現代的時間單位一秒，是如何決定出來的呢？一天是地球自轉一周的時間。一小時為其二十四分之一。一分為一小時的六十分之一，一秒為一分的六十分之一。以一天的長度來反算，就算出一秒的長度。一年的長度，則是地球繞太陽公轉一周的時間。

但是地球公轉，不見得一定是三百六十五天。會超過幾小時，所以，每四年就會出現一次閏年，在**二月延長一天**。雖然有「閏年」，可是還是會產生些許的差距，所以有時候在六月三十日或十二月三十一日會設「閏秒」。

新聞也會報導「閏秒」的現象，修正一秒對於實際生活並沒有什

＊二月延長一天
這是陽曆的計算方式。以月球運行為基準的陰曆，則有「閏月」，也就是整整增加一個月。

時間的基準是什麼？

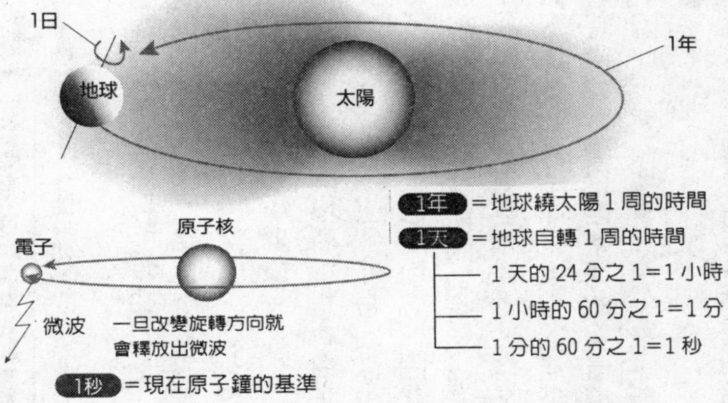
1日
1年
地球
太陽
1年 ＝地球繞太陽 1 周的時間
1天 ＝地球自轉 1 周的時間
1 天的 24 分之 1＝1 小時
1 小時的 60 分之 1＝1 分
1 分的 60 分之 1＝1 秒
原子核
電子
微波
一旦改變旋轉方向就
會釋放出微波
1秒 ＝現在原子鐘的基準

麼妨礙，但是對於電腦社會而言，今後有可能會引起問題。

◆原子的週期成為時間的基準

那麼，到底是以什麼為基礎來決定「正確的」時間呢？現在是使用原子鐘。

原子是由原子核和電子所構成的。電子繞著原子核周圍，形成激烈的旋轉（自轉）。但有時候會改變旋轉的方向。這時會產生些許的能量，原子將這股能量轉換為微波釋放出來。這個微波的波長就是一秒的基準。具體來說，一秒的長度，就是銫（C_s）一百三十三原子的九十一億九千二百六十三萬一千七百七十週期。

14 為什麼可以看到海市蜃樓？

身邊怪現象的構造

◆原因在於空氣密度的差距

海市蜃樓的「蜃」是什麼意思?中國古代認為，海市蜃樓是「巨大文蛤」所吐出來的「氣」。因為蜃氣而產生樓閣。實際上，則是因為光彎曲而產生的光學現象。

光在密度不同的場所中會折射。光進入水中時會折射，所以看起來很淺的河底，實際上卻非常的深，大家**平常也可以體驗到**。因為空氣中有密度較高和較低的地方，因此光會在此處產生折射。

能夠看到海市蜃樓的地方，通常是在地面或海面顯著低溫或高溫，亦即與上空的溫差相當大的地方。換言之，當海面變冷，其上方的空氣密度會升高。如果上空的空氣是溫暖的，則這個部分的密度較薄。這時光會沿著密度較高的空氣層前進。我們以為彎曲的光也是直射的，因此，整個像會顛倒過來，看起來就好像是浮現在海面上的樓閣一樣。

在日本，能夠看到海市蜃樓的地方，就是著名的富山灣。此外，

*氣
參照二〇〇頁。

***平常也可以體驗到**
像在大碗中放入硬幣，視線下降到快看不到硬幣為止時，因為進入水中而引起折射，所以感覺好像還是看得到似的。

可以看到海市蜃樓的理由

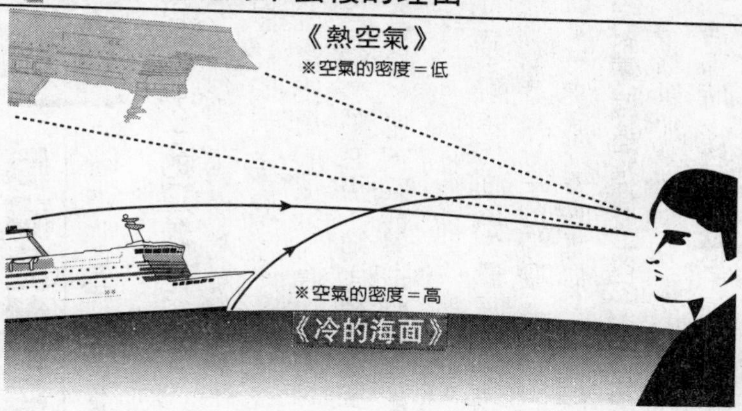

有明海的「不知火」，也是對岸的燈光或漁船的燈光因為瀉湖水塘上所形成的空氣的透鏡折射，而形成「夜晚的海市蜃樓」。

◆陸地上的海市蜃樓

在沙漠上會看到綠洲的幻影，就是因為海市蜃樓讓自己看到地平線另一端的風景而造成的。因為光會折射，所以看到地平線彼端的綠洲也沒什麼奇怪。但這也可能是因為脫水症狀而造成的幻覺。

在盛夏時節經常看到被陽光照射得發燙的柏油路上的空氣和上空低溫的空氣，使得光折射，看起來好像道路濕濕的、小水塘發光似的。沿著濕的部分前進時，水好像往前方逃走似的。這就是「陸地上的海市蜃樓」。

15 何謂絕對零度？

所有物質的分子停止運動時

◆熱是指分子的運動

讀物理課本時，經常會看到絕對溫度的說法。這和我們平常使用的溫度計的溫度不同。

平常使用的溫度，是以**攝氏**（℃）來表示，絕對溫度則是以K（KELVIN）來表示。除了絕對溫度之外，還有絕對零度的說法。攝氏零度是指，在一氣壓下水開始結冰的溫度。絕對零度則似乎與此不同。

在了解這方面的知識之前，我們先來探討一下「熱」的真相。結論是，熱就是分子的運動。例如在炎熱的日子裡，空氣的分子旺盛的運動。而空氣分子的運動，使我們感覺熱。

◆絕對零度是指負二百七十三度C

當物質加熱時，分子的運動旺盛，物質冷卻時，分子的運動減少。冷卻時，物質的分子運動停止。所有物質的分子停止的溫度，就是攝氏負二百七十三度C。

＊攝氏

在一氣壓下，以水開始結冰的溫度為0度、水沸騰時的溫度為一百度來表示。水並不是偶爾在0度結冰或在一百度沸騰。絕對溫度的一度就等於攝氏一度。

「攝氏」與「絕對溫度」

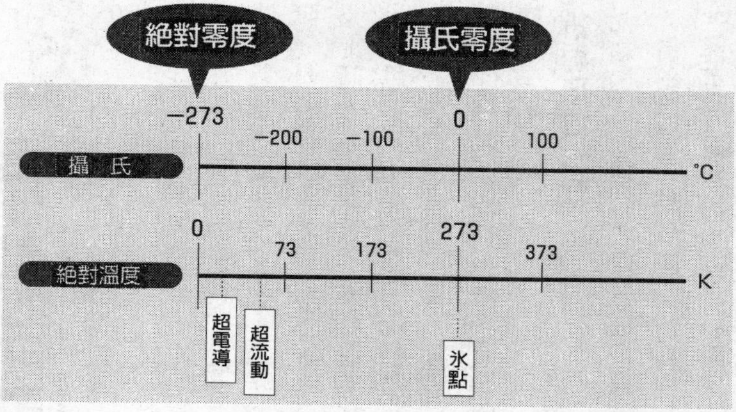

宇宙裡沒有比這個溫度更低的溫度。因為熱是指分子的運動，當所有分子的運動停止時，溫度當然不會再下降。因此，攝氏負二百七十三度C就是絕對零度（換言之，絕對溫度所說的二百七十三度和攝氏的0度相同）。

接近絕對零度時，會產生各種有趣的現象。

例如，當下降到某個溫度時，金屬會失去電阻，形成「超傳導」。此外，放入燒杯中的液體氦，會沿著燒杯的邊緣任意流出，形成「超流動」現象等。

爲什麼彩虹是七色的？

因為光的波長和折射率不同而產生的幻想

◆光的波長的差異產生了顏色

我們眼睛可以看到的光（可見光），是一種**電磁波**。此外，物質看起來是紅色、藍色或黃色，是光的波長不同而造成的。

陽光是各種波長的光混合，而變成看起來像白色的光。陽光照射在蘋果上時，蘋果只會反射紅色的光，吸收其他的顏色，因此蘋果看起來是紅色的。如果全部的光都被反射，那麼，看起來就是白色的。相反的，如果全部都被吸收，看起來就是黑色的。

彩色印刷是使用紅、黃、藍顏色的墨水製造出各種顏色（實際上也會使用「黑墨水」）。

*電磁波
參照六十八頁。

◆光折射形成彩虹

光通過三稜鏡時，會分成好幾個顏色。三稜鏡是三角柱形狀的玻璃，光會斜向進入玻璃內，再斜向放出到空氣中。通過三稜鏡的光會折射。隨著光波長的不同，折射率也不同，會分成各種波長成分。

自然界的三稜鏡是什麼呢？就是水以及水滴。含有細小水滴的空

為什麼彩虹是7色的？

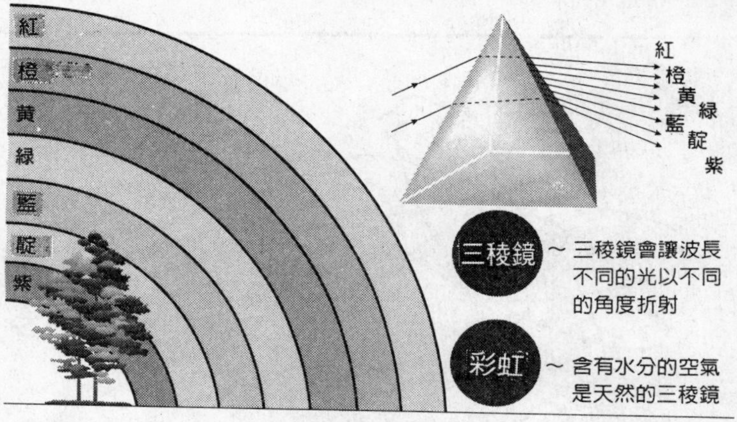

氣被陽光照射時，光會折射形成彩虹，發揮天然三稜鏡的作用。就好像用水管噴水或用噴霧器噴霧時會形成彩虹一樣，瀑布也會出現彩虹。

彩虹看起來都是七色的嗎？依國家、人種的不同而有不同，並非**完全分為七色**，會因中間層次部分的看法不同而有不同。

＊**完全分為七色** 附帶一提，也有所謂的雙重彩虹。這時的排列，是內側彩虹和外側彩虹的顏色顛倒。

當我們打算走到彩虹旁邊去時，彩虹卻會不斷的逃走。這是因為彩虹會以看彩虹的人為中心，具有一定的角度（折射所需要的角度）。我們經常會在太陽的相反側看到彩虹。

此外，背對來自天空的陽光看地面時，可以看到並非半圓而是圓形的彩虹。

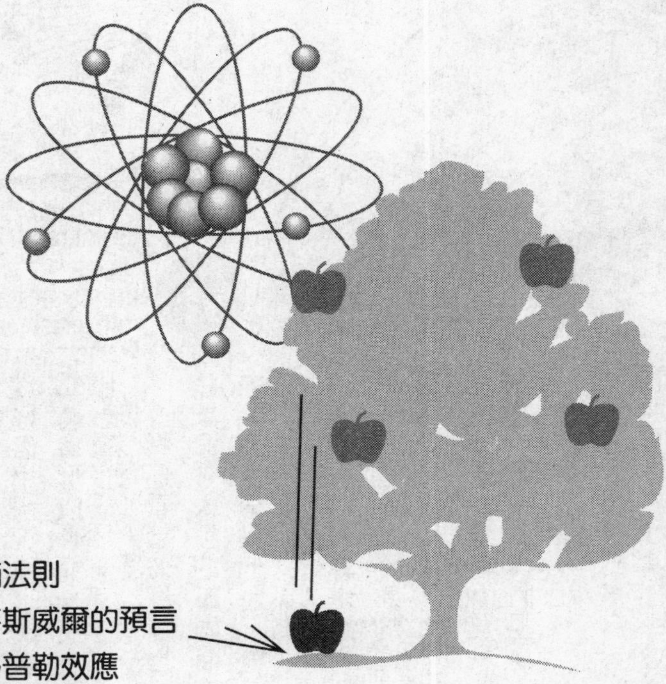

★熵法則
★麥斯威爾的預言
★多普勒效應
★相對論
★量子力學
★不確定性原理
★薛定加的貓
★何謂複雜系？

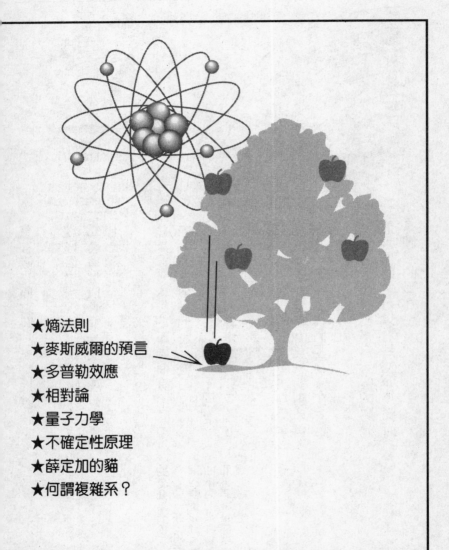

PART 2

到底應該怎麼說呢？——無法想出來的科學法則

雖然聽過卻無法說明！
可是如果記住它，也許就會有幫助喔！

熵法則

井然有序的東西全都會朝「混亂」發展

◆「混亂」變大是什麼情況呢?

在裝著滾水的鍋中放入裝了酒的酒壺，可以加熱到適當的程度。如果酒壺一直放在裡面，那麼，最後鍋中的水和酒壺中的酒會保持溫熱的狀態。這時如果不做一些處理，就不會出現鍋中的水再沸騰，而酒就會變冷。

這種情形看似理所當然，但事實上原本是「滾水+冷水」的有秩序的狀態，卻變成「溫水」的無秩序狀態。而無秩序的狀態（溫水）卻無法再變成秩序井然的狀態（滾水+冷水）。

再說得更深奧一點，亦即「滾水+水」可以變成「溫水」，這就是「熵增大」。

這就是**熱力學三法則**中的第二法則，亦即「熵法則」。

◆宇宙會熱死嗎?

熵（entropy，熱力學函數）意味著「亂七八糟」、「毫無秩序」。熵增大就是指混亂增大，亦即不斷的變得愈來愈無秩序。

***熱力學三法則**
這三法則首先是「能量保存法則」，第二是「熵法則」，第三是「不可能達到絕對零度的原理」。

何謂熵法則？

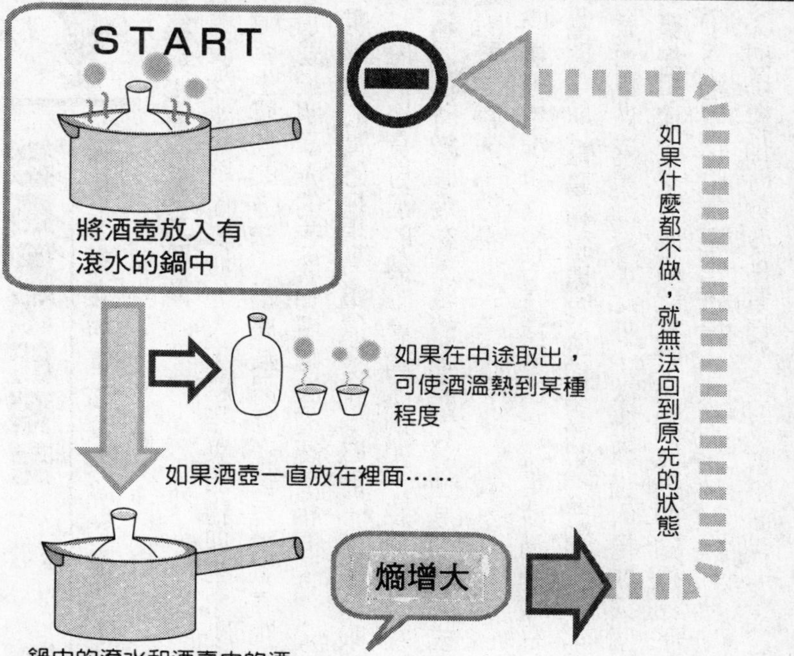
將酒壺放入有滾水的鍋中
如果在中途取出，可使酒溫熱到某種程度
如果什麼都不做，就無法回到原先的狀態
鍋中的滾水和酒壺中的酒都會變得溫熱（無秩序）

整個宇宙的熵不斷增大，最後熵到了極大時，所有的能量流動都會停止，宇宙會靜靜的迎向「熱死」。

2 麥斯威爾的預言

理論上存在的電磁波與光的發現相同

◆電氣與磁氣的勢力範圍

發現光是一種電磁波的人，就是英國物理學家麥斯威爾。當時還不知道產生電波的方法，電磁波只存在於理論。在那個時代，他光靠計算，就證明了光的速度和電磁波的速度相同。

電磁波的電磁是指「電氣」和「磁氣」。雖然眼睛看不到，但是電氣和磁氣擁有自己的勢力範圍。例如，將鐵砂撒在紙上，下面放U形磁鐵。這時鐵砂會在磁鐵的N極與S極周圍排列成8字形。這就是磁鐵的勢力範圍「磁場」。

同樣的情況也會發生在電氣上。當電流通過鐵絲時，其周圍會形成「電場」。電場和磁場有密切的關係。例如，在釘子上繞鐵絲通電，就可以做成電磁鐵。此外，讓磁鐵出入捲成線圈狀的鐵絲，會使**鐵絲產生電流**。麥斯威爾認為電場和磁場的關係如下。

①電場變化時會產生磁場。

②磁場變化時會產生電場。

***鐵絲產生電流**　這就是發電機的基本原理。如果逆向操作，就會變成馬達。

「電氣」與「磁氣」的關係

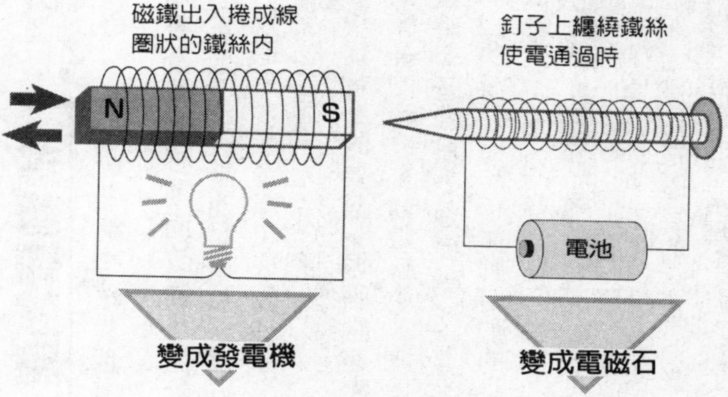
磁鐵出入捲成線
圈狀的鐵絲內
N
S
變成發電機
釘子上纏繞鐵絲
使電通過時
電池
變成電磁石

基於這兩種關係，麥斯威爾預言電磁波的存在。換言之，電場與磁場互相產生，同時持續朝空間進行。

◆電視的電波也是一種電磁波

電磁波存在的預言在麥斯威爾提出二十四年後，由物理學家赫茲經由實驗而確認。現在，周波數（頻率）的單位就是以赫茲的名字加以命名。

後來，大家都知道自己的身邊充斥著電磁波。例如，電視台的天線會放出超短波（VHF），這也是一種電磁波。電波藉由天線送達家庭，天線中的電子以每秒幾千萬次到幾億次的速度搖晃著，成為一種信號，傳達到電視的映像管中。

3 多普勒效應

警笛音會改變的原因

◆藉著音源的移動而改變了振動數

警車或救護車的警笛音在接近我們時，聲音聽起來很高，在距離我們較遠時，聲音聽起來較為低沈。這就是稱為多普勒效應的現象。

音以空氣等為媒介形成波（音波）傳達出來。音波的波長和振動數是決定音高的要素。振動數較大（波長較短）的音，我們聽起來覺得是較高的音。振動數較小（波長較長）的音，感覺上是低音。**音源接近時**，音的振動數增多。這是因為在音波傳來的同時，音源也接近，因此波長縮短，振動增加的緣故。相反的，距離較遠時，音的振動數變少。同樣的音，在音源接近時和距離較遠時的音高不同。

＊**音源接近時**

如果音源速度超過音速，那麼聲音就不可能先出現，取而代之的是會發生衝擊波。

◆證明宇宙的膨脹

多普勒效應是波所具有的性質。不光是音波，電磁波也會出現這種性質。例如電磁波的一種，光，也會出現多普勒效應。在可見光中，接近藍色的顏色是周波數較大的光，相反的，接近紅色的顏色則是周波數較小的光。

何謂多普勒效應

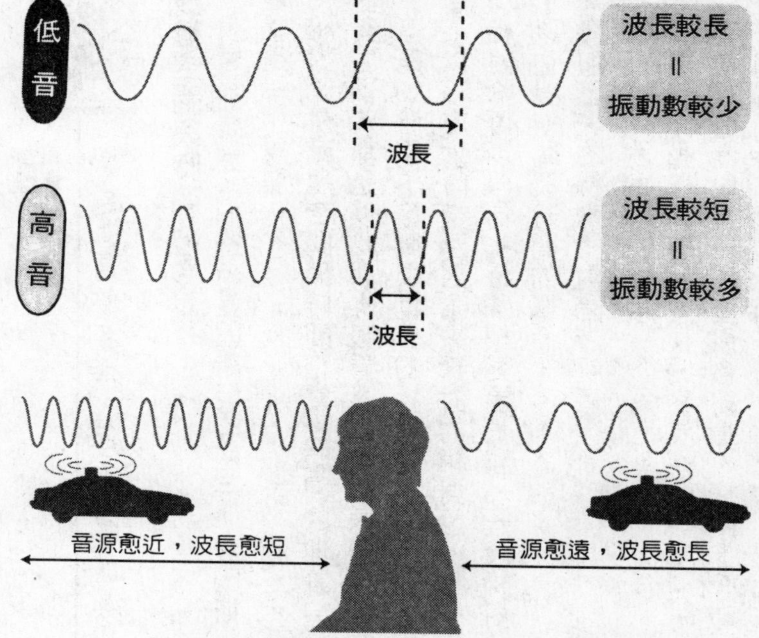

利用多普勒效應而完成世紀大發現的就是哈伯。哈伯以天體望遠鏡觀測，發現遠處的銀河出現紅方偏移（根據多普勒效應，波長增長，接近紅色）的現象，而且發現愈遠的銀河愈會快速後退，因此確認宇宙是膨脹的。

4 相對論

只聽過這個名稱，但是不了解其內容

◆改變空間與時間的概念

大家都聽過艾伯特·愛因斯坦的名字。愛因斯坦留下的最偉大的功績就是「相對論」。

相對論是處理**空間與時間**相當大範圍的理論。包括牛頓力學在內的古典力學，都是以我們肉眼看得到範圍內的世界為對象來探討的科學。但是，像原子等微觀世界的物理學，則是利用後面所介紹的量子力學，以宇宙大時空為對象來探討的相對論。

相對論可以分為「特殊相對論」和「一般相對論」。這些理論改變了以往對空間及時間的概念。

最初發表的特殊相對論證明了：

①真空中光的速度不變。

②沒有比光移動速度更快的物質。

③物質速度愈快，長度愈會縮短。速度上升時，質量會增加。

***空間與時間**

相對論認為「空間是扭曲的」，而且還提到「時間會伸縮」。如果不能了解這些想法，則即使看再多的書也無法了解這些理論。不管再怎麼說明，如果對方不能接受這種看法，那就無法加以解釋了。

何謂愛因斯坦的相對論

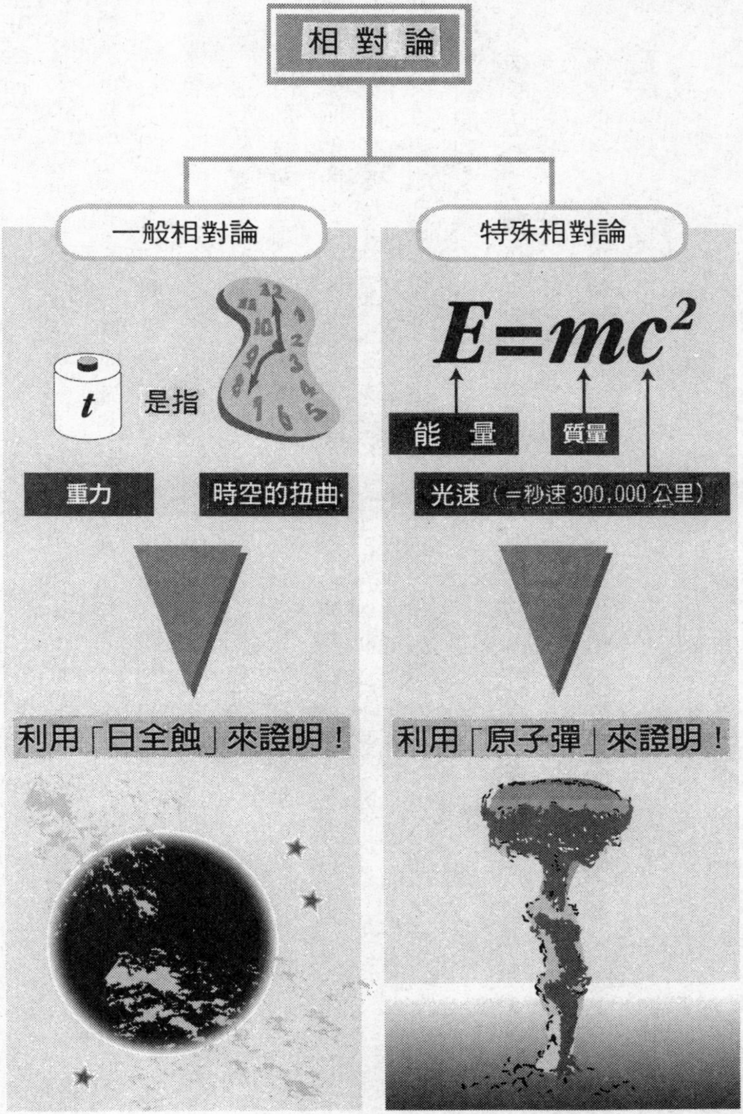
相 對 論
一般相對論
特殊相對論
t
是指
重力
時空的扭曲
E=mc²
能 量
質量
光速（=秒速300,000公里）
利用「日全蝕」來證明！
利用「原子彈」來證明！

◆空間會扭曲

「$E=mc^2$」這個著名的公式，是在特殊相對論中登場的公式。E是能量，m是質量，c是光速＝每秒約三十萬公里。

這個公式的意思是，質量可以轉換為能量。同時也說明了只要些許的質量乘上速度的平方，就可以變成龐大的能量。令人感到諷刺的是，證明這個公式正確性的，卻是原子彈這項可怕的發明。

一般相對論則是關於重力的理論。愛因斯坦認為重力是指時空的扭曲。如果照他所言，則光線會因重力而扭曲（重力透鏡）。後來在日全蝕時，原本被太陽遮住，應該看不見的星光，卻因為太陽的重力被扭曲，可以觀測到光到達了地球。當然，除了日蝕以外，陽光太強時也無法觀測到。

一九〇五年，愛因斯坦發表「光量子假設」、「不良運動的理論」、「特殊相對論」這三篇重要的論文。只不過是一名年輕人（他當年二十六歲），卻發表了三大論文，所以這一年也被稱為「奇蹟的一九〇五年」。

誕生於 20 世紀的物理學的二大理論

到 19 世紀為止……

到了 20 世紀時

超宏觀、超微觀世界是古典力學無法說明的世界!!

5 量子力學

用「一般常識」無法理解的世界

◆古典力學不適用的世界

誕生於二十世紀的物理學的兩大理論，就是相對論和量子力學（量子論）。這兩者都是難以理解的理論。

相對論是愛因斯坦這位天才獨創的理論，量子力學則是由許多物理學家所完成的理論，因此更不容易了解。如果要用簡單的一句話來說明量子力學，那就是像電子或光子等極微（微觀）世界的物質到底會產生何種作用的學問。

到十九世紀為止，世上所有現象都可以用牛頓力學等古典力學來說明。但是，科學對象一旦觸及原子等微觀世界時，光靠古典力學就無法說明了。因此，以往被認為是波的光，卻具有粒子的性質（愛因斯坦的**光量子假設**），而被視為粒子的電子，卻具有波的性質。

在我們所居住的宏觀世界所發生的事情，可以用牛頓力學來說明，但是，要說明像電子或光子等微觀世界所發生的事情，就需要新的力學了。

＊光量子假設
參照四十四頁。

從古典力學到量子力學

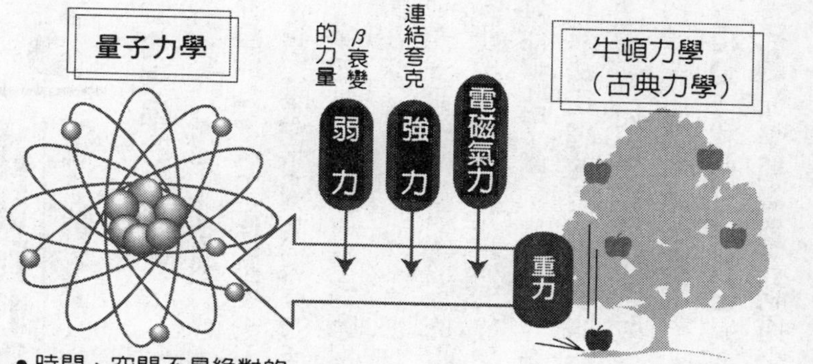

● 時間、空間不是絕對的
● 物的存在可以用或然率來表現

時間、空間是絕對的

◆能量是最小的單位！

在了解原子構造的同時，也得出計算電子移動的方程式。在同一時期，產生了兩種不同的方法。一個是維爾納・森堡的「**行列力學**」，另一個是艾爾賓・薛定加的「**波動力學**」。其中以薛定加的波動方程式更易於使用，因此經常被使用。

使用這些到底能夠完成些什麼呢？它可以預估電子的活動，使得化學產業和電氣產業飛躍發展。因為這兩者的重點都在於電子的活動。像現代不可或缺的半導體技術，如果沒有量子力學的話，則根本不可能出現。

＊**行列力學** 把電子視為粒子來處理的理論。

＊**波動力學** 把電子視為波來處理的理論。

6 不確定性原理

電子的位置只能用或然率來表現的理由

◆改變物理學的世界觀

對於完成量子力學具有極大貢獻的海森堡，發現了改變以往物理學世界觀的「不確定性原理」。

牛頓力學在預測某物質的活動時，只要知道它的位置和速度就可以了。例如高爾夫球會飛到哪裡去，只要知道球的位置和速度，就可以計算出來。

但是，量子力學所處理的電子等物質，會因為速度不確定而無法了解其正確的位置。相反的，如果想要知道正確的速度，則因為位置不正確而無法了解。換言之，無法同時正確得知電子的位置和速度，因此，無法正確的預測電子的活動。

◆無法同時知道位置與速度

例如，用顯微鏡觀察電子。事實上，雖然沒有能夠看到電子的顯微鏡，但是，我們可以把它視為一種思考來實驗。

普通的光學顯微鏡會利用光（可見光）照著試劑，使光散亂反彈

無法同時知道電子的位置和速度（不確定性原理）

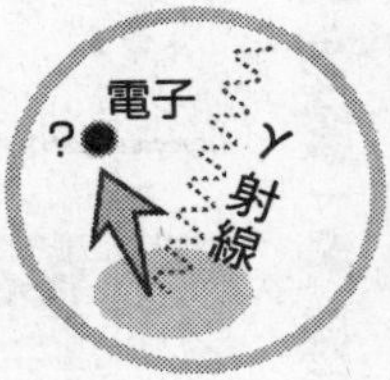

知道電子的位置

波長較短的電磁波能量很強，會將電子彈開，所以無法得知電子的速度！

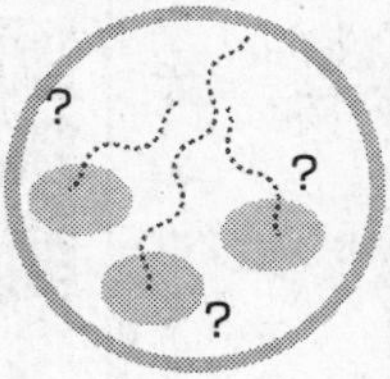

知道電子的速度

波長較長的電磁波能量較小，無法正確的捕捉到電子的姿態！

回來，這樣就會看到光。但是，看電子這麼小的物質時，則需要比可見光波長更短的γ射線等電磁波。不過γ射線的能量極強，會讓電子彈出去，而能量小的電磁波卻又無法捕捉到電子。

換言之，被觀測時，電子的位置和速度會因「觀測」而改變，無法保持確定的姿態。因此，無法同時得知正確的位置和速度，就**無法正確預測未來的動向**。

雖然能夠正確的了解其中的某一種，然而另一種卻變得愈來愈不正確了。

＊無法正確預測未來的動向

想要藉著電子的動向預測原子、分子以及物體的動向，甚至預知未來會發生的事情，稱為「拉普拉斯的惡魔」。不確定性原理則否定了這個想法。

7 薛定加的貓

百分之五十活著、百分之五十死亡的貓的故事

◆電子像雲一般擴展開來

大家經常聽到的說法就是「薛定加的貓」。薛定加是完成量子力學波動方程式的人。波動方程式是把電子視為波而非粒子計算出來的。但是，如果電子是波，那麼會變成什麼情況呢？這點令大家覺得頭痛。因此，後來就將電子的波只能夠以解釋電子會出現在何處的「機率」來表示（這個解釋稱為哥本哈根解釋）。

按照這個解釋，電子的存在，只能夠用在原子核周圍如雲一般擴散開來的機率來表示。雲有濃淡之處，雲愈濃的地方，電子存在的機率愈高。亦即只能夠用機率來了解電子在什麼地方。

但是，建立波動方程式的薛定加，卻不願意接受這個解釋。薛定加將這種想法藉著貓表示出來。

◆存活與死亡機率各一半的貓

這裡有一個**裝著貓的箱子**，箱子有蓋子，蓋子沒有打開，看不到貓。箱子裡還放了一瓶裝有氰酸鉀的瓶子。箱子外面則裝設使用鐳的

＊裝著貓的箱子　因為並沒有實際進行這個實驗，所以稱為「思考實驗」。在處理肉眼並非可以看到的物質的量子力學初期，經常使用這種實驗方式。

薛定加的貓

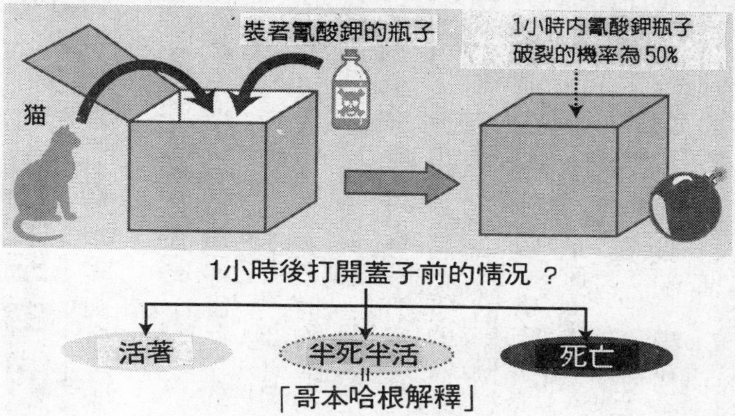

機關。如果鐳產生輻射，使箱中的瓶子破掉，則可憐的貓就會因為氰酸鉀中毒而死。

將這個鐳設定為在一小時中會放射出一道輻射的機率為百分之五十，不會放出來的機率也為百分之五十。

一小時後打開箱子來看，到底貓存活還是死亡呢？

以量子力學來看，在這一小時內，會產生輻射的機率為百分之五十，不會產生的機率也是百分之五十。因此，在箱子裡的貓存活與死亡的機率各是百分之五十。在打開箱子的瞬間，才能夠確定貓的死活，而貓絕不可能半活半死。他以此對之前的解釋提出反駁的理論。

8

支配宇宙的自然常數

對物理學而言，有很多會改變的令人困擾的數值

◆宇宙中絕對不變的數

在宇宙中，有只要宇宙存在就絕對不變的普遍自然常數。

例如，牛頓所發現的與地心引力有關的**重力常數「G」**，就是其中之一。地心引心是在所有物與物之間發揮作用的力量。像在太陽與地球之間、在地球與月球之間、在男人與女人的身體之間發揮作用的力量，全都與重力常數G有關。

引力的大小與相互物質的質量積成正比，與距離成反比。重力常數G，是表示質量一公斤的兩個物體在距離一公尺時會發揮作用的引力。若用數字來表示G，就是6. 67259×10的負11次方Nm^2/kg^2。

在真空中前進的光速也是不變的。如果用c來表示，則是指秒速二億九千九百七十九萬二千四百五十八公尺，秒速約三十萬公里。最近將一公尺的長度定義為，光在二億九千九百七十九萬二千四百五十八分之一秒內前進的長度。

＊重力常數「G」
大家最常聽到被拿來說明的例子，就是在表示雲霄飛車激烈的情況時。像賽車或火箭升空，還有飛行表演，也經常會出現這樣的說法。

絕對不變的自然常數

重量常數 G $=6.67259\times10^{-11}Nm^2/Kg^2$

真空中的光速 C ＝秒速299,792,458公尺 ，

法蘭克常數 h $=6.6260775\times10^{-34}J\cdot s$

◆能量的分散度

此外，關於量子力學方面，還有用h來表示的常數。這個常數用發現者的名字來命名，稱為法蘭克常數。

法蘭克發現能量有最小的單位，同時取得分散值。也就是說，能量不是一‧七七或三‧六九等非整數的數，一定是最小單位的整數倍。法蘭克常數h表示這個能量的分散度，用數字來表示，就是6.6260775×10的負34次方J‧s。這是非常小的數字，但是在原子這麼小的世界，卻具有極大的意義。

這些常數是經由實際測量而得知的，可以說是支配這個宇宙法則的神奇數字。

9

何謂複雜系？

從生命、物理學、社會學到經濟學所有學問的革命

◆二十一世紀學問的立足點

牛頓力學或相對論都想要分析全世界。量子論的不確定性原理也是如此。雖然無法同時確定電子的位置與速度，但是從電子的機率分布，可以進行計算或分析，實際上也應用在半導體產業中。

但是，當我們了解腦的功能等生命現象時，就會發現現實世界是無數的要素相互產生作用形成動力，才能夠展現活動，非常複雜。雖然發現了一些「有某原因才會產生某結果」的法則，但並不能夠完全事先預測。像天氣預報或股價的預測，有時可能會損龜。

最好捨棄要解開複雜現象、將其分解為簡單要素的想法。直接掌握整體的複雜現象，這種「複雜系」的科學，將會成為二十一世紀備受矚目的科學。

隨著電腦的普及，許多研究者採取各種步驟來探討這個問題。有的人在電腦內建立人工生命，進行自我增殖，產生**進化與自然淘汰**。有的人則讓表示一隻鳥動態的單純程式同時進行，成功的正確重現鳥

***進化與自然淘汰**
湯瑪斯・雷的實驗認為，在各種變異當中，寄生體或被寄生之物，以及對於寄生體的免疫、共生所引起的增殖等，超越程式命令的各種人工生命會增殖。

群的動向。這些研究不光出現在生物學、物理學方面，還擴大到經濟學、社會學各方面，甚至連市場的動向也和複雜性有關。

◆出現在時間軸上的「混沌」和出現在空間軸上的「結晶」

複雜系的科學始於混沌理論。這個世界上的所有複雜現象，如果以時間軸來看，就會出現「混沌」概念。

「混沌」的原意是指，「雖然大致上受到法則的支配，但是卻會展現不具有法則性的動向」。例如「A與B成正比」的法則可以形容「線性」，但是變化太大或要素膨大的數，那麼就不能夠使用線性法則，這就是混沌理論。經常提到的「**蝴蝶效應**」是指，對於氣象會造成影響的所有要素互相影響，只要一些微風，就會引起超乎想像的氣候變動。

與這類「非線性」系統相反的，就是在微妙平衡下形成了難以想像的秩序。像先前提到的進化或形成鳥群的模擬狀況就是如此。這種現象稱為「自我組織化」，而可以辦到的這種平衡就稱為「混沌之淵」。

能夠瞬間掌握這種混沌現象，在觀察空間的構造等時浮現出來的就是「**結晶**」。換言之，混沌和結晶可以從另一個角度去掌握由「複雜系」建立的世界的概念。

***蝴蝶效應** 在中國有蝴蝶展翅卻導致美國下大雨的寓言故事。

***結晶** 樹葉的形狀和樹枝的擺盪幾乎相同等，不論在何處，不論再怎麼擴大，皆為相同圖形的構造。

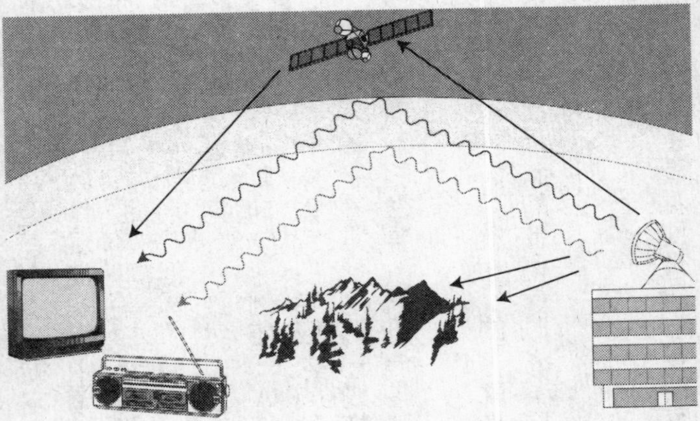

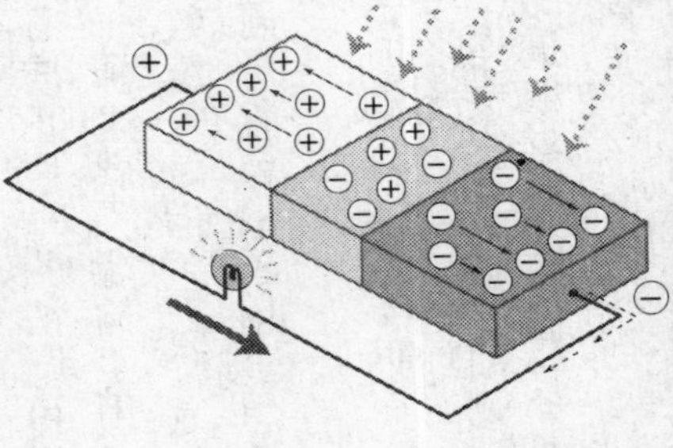

★微波爐
★傳真機
★條碼
★衛星導航系統
★形狀記憶合金
★磁浮列車
★太陽能電池
★廚餘處理器
★基因重組

PART 3

身邊的高科技及最尖端技術的構造

包括經常使用的東西以及未來可能「經常使用」的技術

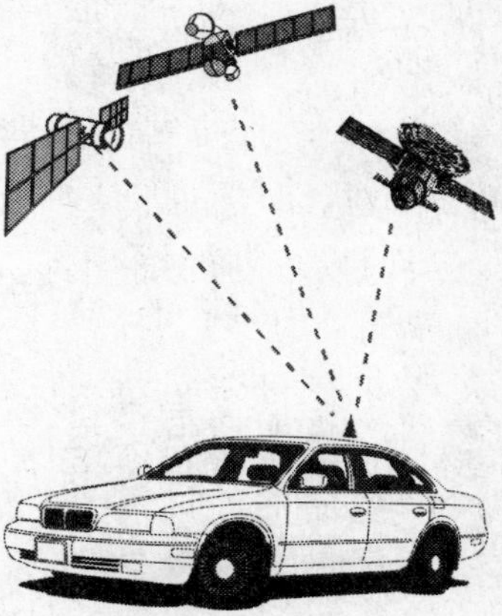

1

微波爐

利用電波加熱的神奇箱子的構造

◆沒有水就無法加熱的神奇加熱法

微波爐是使用電波的一種，也就是利用微波來加熱食品的機器。

為什麼電波可以加熱食品呢？

微波爐所使用微波的振動數和水的固有振動數相同，換言之，照射到微波的食品，內部的水分子振動，互相撞擊而產生熱。但是不含水的餐具類，會因為被加熱食品的熱而發熱，而並不是靠著微波爐的機能而被加熱。就算盤子是冷的，但是，盤子裡的食品卻是熱騰騰的。

當然它也有不使用電波就無法加熱的缺點。為了防止這種缺點，要有轉盤設計，讓食品所有的部分都能夠照射到微波。此外，如果裹上阻斷微波的**鋁箔**，則烤肉串等就不會烤焦。

缺點就是水分會蒸發掉。到底應該用保鮮膜蓋住還是直接放入微波爐中加熱，必須仔細看處理說明，否則就會失敗。不能夠用微波爐來**煮蛋**，否則會引起大爆炸（破裂），有燙傷的危險。

＊**鋁箔** 不過如果完全被鋁箔包住，電波就無法通過，所以不僅不可能這麼做，同時鋁箔也可能冒出火花來，相當危險。

＊**煮蛋** 此外，還有烤鱈魚、杏仁、栗子等，都會造成破裂。目前已有專用容器可以用來煮蛋加熱。

微波爐的構造

利用會和食物所含水分共振的
周波數的微波來加熱

◆即使觀看內部操作情形，微波也不會漏出來的原因

微波對人體有害，因此，必須關上門才能夠使用。那麼，微波會不會從門的玻璃面板漏出來呢？事實上這就是電波的有趣性。成為玻璃面網眼的金屬板，因為波長的緣故，不會讓微波通過。相反的，如果金屬板破損，則微波就會大量漏出，要立刻修理。

提到會漏出電波的問題，在家電用品中，微波爐算是最常見的一種。關於電磁波的害處，目前還有很多未知的部分，關於安全基準的信賴度也令人存疑。雖說應該距離二公尺，但是……。

2 傳真機

利用電線傳送文字的構造

◆讀取畫像或文字的方法

最近已經出現彩色傳真機產品，性能更高，不過大家都不知道它的構造，因此到現在為止，還會出現很多傳送方面的問題。在考慮到普及率的問題上，的確會帶來困擾。

將文字或畫像轉為電氣信號來傳送，首先必須要將文字或畫像數位化，因此要有讀取裝置。讀取裝置會將要傳送的文字或畫像分為細小的網眼來捕捉，分辨它是黑或是白。能夠選擇畫質的，則是藉著將網眼大小變細來進行更高畫質的傳送。

但是，很多傳真機的讀取裝置都是使用綠色的光，用綠筆寫的字完全會反射，因此就算寫了字，在傳真機上所看到的也是白色，無法讀取。

此外，如果讀取的部分骯髒，就會形成多餘的線條，嚴重時甚至一片漆黑，無法看清楚，使用影印機影印時，就可以了解。但是，也有可能不是接受傳真的人的問題，而是傳送者那方的問題。

傳真機送來的影像會出現凹凸的原因

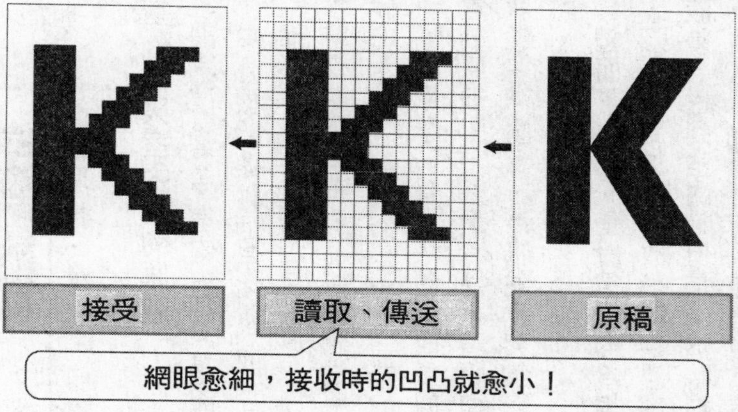
接受
讀取、傳送
原稿
網眼愈細，接收時的凹凸就愈小！

◆接受的傳真該如何記錄

接收者的傳真機又是什麼樣的構造呢？

一般說來，是使用感熱紙的「熱感應磁頭式」，傳真來的信號如果是「黑的」，則這個部分會瞬間發熱，如果是「白的」，則不見任何反應，利用這種系統的「熱感應磁頭」**接觸感應紙**時，就能夠描繪出文字或圖像。

不管是使用調色劑或也當成影印機使用的傳真機，或是使用像電腦印表機的墨水，雖然列印的方式不同，但仍然是判斷「黑」、「白」來列印，其道理是相同的。

＊接觸感熱紙
因此，如果先擺在會受熱的地方，則感熱紙在使用前就已經變質。同時感熱紙也不能碰水。

3 空調設備

原理和「灑水」相同嗎？

◆有室外機與室內機的原因

空調或冷氣會使室內冷卻，是因為將室內的熱捨棄於外的緣故。因此，室外機的運轉通風不良時，或是太陽西曬直射時，就會覺得「一點都不涼」。這是因為就算想要放熱也無法放熱的緣故。不論冰箱或空調設備，冷卻系統幾乎都是使用「蒸發熱」的原理。蒸發熱就與在庭院中灑水使庭院涼快，或是利用酒精消毒的部位感覺「很涼」的原理一樣。液體變成氣體時，會奪走周圍的熱。應用在冷卻裝置的原理上，則是冷媒藉著壓縮機壓縮形成液體狀態，一旦解放這種狀態（減壓），冷媒就會突然膨脹，變成氣體。這時就會奪走周圍的熱。

具體而言，首先是冷氣機的**冷媒**被內藏於室外機的壓縮機壓縮。這時，因為受到加壓之故，冷媒溫度上升，而藉著室外機放熱，就會變成液體，送到室內。但是，這時壓力無法下降，因此會吸收室內的熱，一口氣蒸發後再利用壓縮機壓縮……。冷媒就是按照這樣的途徑

***冷媒**　最著名的就是「氟氯碳化物」。穩定性高，本身不會變質，同時也具有不會讓機械金屬或塑膠變質的特性，因此大量使用。但是……。

冷氣機製造出冷氣的構造

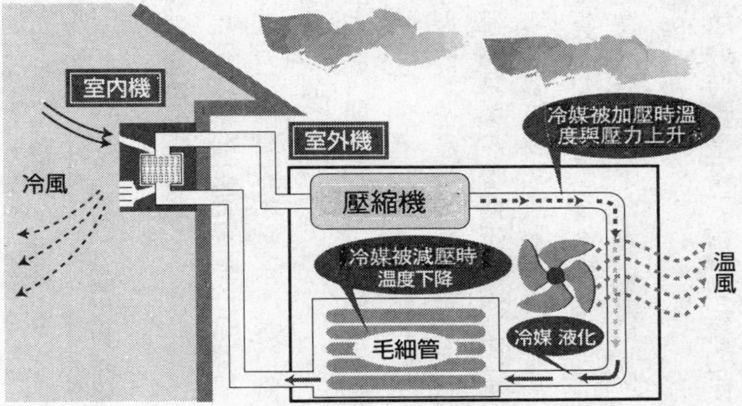

行進，使得室內涼爽。

◆空調設備是溫室效應的原因嗎？

除濕機能，則是將過度冷卻的空氣凝結起來，藉著加熱器加熱以去除濕氣。這和空調設備或冷氣機有所不同。

在室外機旁邊會覺得很熱，一般人想到的是「地球的溫室效應……」。

不過，基本上熱交換機只會移動熱，不會製造熱。當然，使熱交換機作動、製造出能量的發電等也會產生熱，還有，不使用冷氣就無法生活的鋼筋水泥建築物也是不容易放熱的物質，所以可能與此有關吧！

4 條碼

不要以為價格就隱藏在裡面喔！

◆線的寬度顯示數字

現在**大部分的商品**都附帶條碼。條碼的條紋，是由不同寬度的黑白條紋各二條來表示數字。其位數共有十六位，其中與寫在下方的數字對應的有十三位數。

大家可能不知道，這裡並沒有價格的資料。最初的二位數代表國家，接下來的五位數代表銷售處、廠商等，再下來的五位數是商品名稱，最後一位數是防止誤讀的密碼。換言之，光靠這些，就可以讀取是由哪個國家、哪個工廠製造出來的什麼商品。

那麼價格到底輸入到何處呢?收銀機本身或店裡有統合電腦，因此就算是每天會替換的特價品，只要修正電腦資料，則即使條碼不變，在計算時也不會弄錯價格。

◆讀取的構造

讀取裝置是藉著雷射光線的反射來讀取條狀的黑白形態，把它當成數字來理解，所以就算有點歪斜也可以讀取。如果因為太髒而不能

*大部分的商品 但是像書籍等的系統有點不同。

條碼表示些什麼

條碼的密碼內容

讀取，則只要將寫在下面的數字打在收銀機上，也可以讀取相同的密碼。但是大家可能已經發現到，條碼上有三個地方沒有數字。

這是設定就算顛倒過來也可以讀取的標誌。這個條狀上所顯示的數字全都是6。是的，這三部分隱藏著大家所熟悉的惡魔數字「666」。其他條狀所顯示的位數，則是基督教最討厭的「13」。

如果是日本人，則可能絕對不會使用4或9。但各人的喜好不同，在13日星期五的13時13分將**阿波羅13號**送上太空。其想法實在令人不解……。

＊**阿波羅13號** 擁有一連串不吉利數字的太空船發射後，氧氣槽爆炸，發電裝置幾乎無法使用。但是逃到登陸小艇上避難的組員，在繞行月球一週後，使用殘存在母船上的氧和電力，平安無事的回到地球。這個故事後來拍成了電影。

5 微調控制

有些事物還是曖昧不清比較好

◆光靠開關無法判斷整個世界

電腦最拿手的就是「黑白分明」。因此，對於從感應器傳來資料的判斷基準，也只以「有或沒有」來思考。在還沒有導入「微調」曖昧理論的想法之前，電腦控制的電器都是藉著「開、關」來控制的。

後來出現了微調控制，連電腦的頭腦也開始有了柔性思考，產生了「這樣應該就沒問題了」的想法。

例如，人類在思考「圓形」的東西時，想到的就是球，但也認為橘子和蘋果也是圓形的。以往的電腦認為除了「真正的圓球」之外，並沒有圓形的東西。但是導入微調理論的電腦，則和人類的想法相同，認為橘子或蘋果的形狀也是圓形的。

◆拿手的部分在於「微妙之處」

因此，像電子鍋可以進行微妙的溫度管理，除了按照平常方式炊煮的普通飯之外，藉著簡單的開關操作，還可以煮出較硬的飯、較軟的飯和粥等。

微調（曖昧）是什麼情況？

冷氣機藉著與變換器（周波數可變裝置）的共同作業，而不是利用恆溫器的開關，就可以時時運轉並且調節溫度。像洗衣機、烘乾機、**吸塵器**等，各種家電製品都受惠於這種微妙控制。

此外，像汽車的自動排檔功能也是利用微調控制。例如不踩油門時，以往的汽車只是單純的提高一檔，但是導入微調控制後，就會判斷應該增加一檔、保持速度，還是遇到下坡時要減少一檔以發揮煞車作用呢？這些電腦都會加以判斷。就算駕駛什麼都不想，只要操作基本的開關、油門、煞車以及方向盤就夠了。

***吸塵器** 吸地毯等，覺得好像堵塞時，就會減弱吸力。取出塞住的東西之後，吸力就會增加。

衛星轉播

如何接收無法接收的電波呢?

◆地球也有反射電波的機能嗎?

能夠接收短波放送的收音機，不光是韓國，也可以接收俄羅斯、中國的訊息。此外，在轉動AM收音機的電台時，也會意外的接收到NHK節目，令人驚訝。不過FM電台或電視的電波（聲音為FM波，影像為AM波），如果遇到高山的阻擋，就無法接收到訊息。到底是為什麼呢?

在大氣層上方有反射電波的「電離層」。短波傳送或AM在此處被反射回到地面，也可以再從地面反射回去。但是FM的電波為了穿透「電離層」，因此就算能夠繞山而行，也無法傳送到遠處。

這是波長長度不同所產生的特性。同樣是FM波，**周波數愈低就愈能夠傳到遠處**。

◆到達太空再傳回來的電波

原本無法傳來的電視電波，卻能夠傳送到各家庭，就是藉著衛星轉播的作用。利用宇宙空間的靜止衛星代替電離層接收電波，使用太

＊周波數愈低就愈能夠傳到遠處

事實上，像日本山梨縣三峠的天線朝著東京多摩地區傳送的FM富士的電波（七八・六kHz），雖然在東京都中心會出現混亂的情況，但是在千葉、茨城縣的一部分卻能夠接收到訊息。

衛星轉播

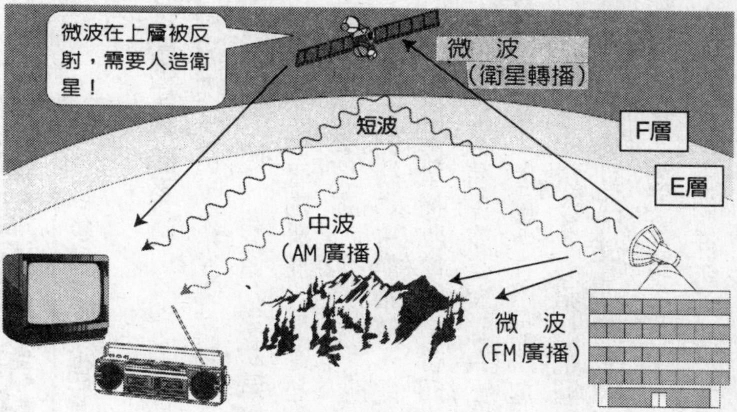

陽能電池放大，然後再從遙遠的上空傳送回來（雖然有有線電視的方法，但這也是利用衛星轉播）。

雖說是放大，但是，以普通金屬棒打造的天線，其能夠接收的電波量很少，現在已經使用拋物面天線。

不過在下大雨時，電波量不足，接收狀態不良。

此外，在最初轉播時，搭載在衛星上的太陽能電池的性能較低，因此，在進入地球的陰的時間，也就是深夜時刻會停播節目，相信大家都還記憶猶新。

7 衛星導航系統

冷戰後留下的禮物，現在用在和平用途上

◆各種衛星導航系統

過去，就有很多衛星導航系統。使用陀螺儀將車子的行進方向和距離與地圖對照，藉著光束狀氣體的流向，知道車子行進的方向……。但是，後來由於從人造衛星接收電波的成本大幅度降低，於是這種系統便銷聲匿跡了。

現在提到的衛星導航系統，就是指GPS（Global Positioning System），從衛星接收電波，得知自己的位置，認識前進的方向。但是，這個人造衛星原本是美軍為了軍事用途而送上太空的，所以製造出**有意的誤差**。因此，在通過隧道或大樓後面時，無法接收到三個以上的衛星傳來的電波，必須和地圖對照來加以改善。此外，也可以採取藉由附近FM電台的電波再確認位置的方法。

＊有意的誤差 但是傳聞某國的飛彈竟然用日本衛星導航系統的制導裝置……。

◆隨意使用，機能充實

各廠商也推出個性化的商品，讓使用者容易辨識，或是將目的地索引簡化（聲音認識等），提供各項資訊服務。

衛星導航系統的構造

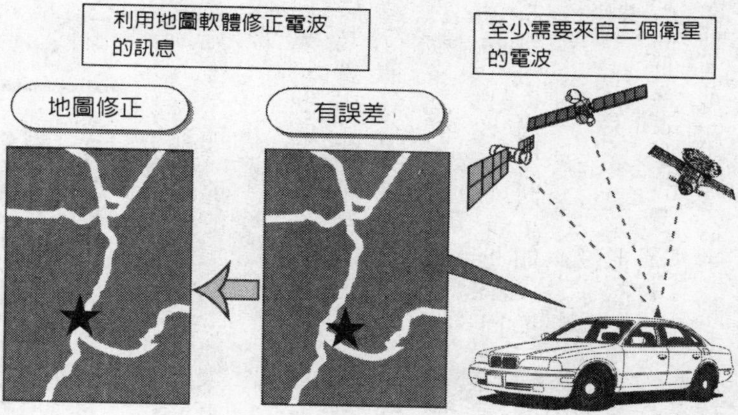
利用地圖軟體修正電波
的訊息
至少需要來自三個衛星
的電波
地圖修正
有誤差

聲音導引非常方便，但是有人認為「會不會像玩具一樣」而不安。這根本就是杞人憂天，導航系統相當的進步，現在一部分的系統開始運作，如果和網路連接在一起，可以期待發展為「移動訊息終端機」。

不過，你在汽車上真的有這麼多想做的事情嗎？「只要打一通電話，就可以讓家中的冷氣事先打開」，我想大部分的人應該只是使用到這種程度吧……。

8 形狀記憶合金

在意外之處使用的高科技素材

◆從令人驚愕的登場到普及化的道路

先記憶高溫狀態的形狀，然後不管再怎麼變形，只要加熱，就能夠恢復原狀，這就是形狀記憶合金。剛登場時，在電視的科學節目中看到任意彎曲的鐵絲泡在滾水中就能夠恢復原狀，令人感到非常的驚訝。成為實用品的用途，則是以做為胸罩的鋼絲而一躍成名。不過事實上像行動電話的天線，也是使用這種素材。

行動電話的天線看起來好像是彈簧素材，但是，如果不是大力彎曲，就可以恢復原狀。若是彈簧素材，則對於某些部分加諸彎曲的力量後將無法恢復原狀。如果是一般的金屬，則會失去柔軟性，無法再使用。所以有人認為天線某處應該有形狀記憶的部分。利用行動電話的天線，就更容易說明形狀記憶合金的性質了。

◆利用溫度設定改變性質

在製造形狀記憶合金時，要進行「在何種程度的溫度時可以恢復原狀」的溫度設定。通常在做示範時，要讓物體恢復形狀，使用的是

依不同用途，形狀記憶合金可以設定不同的溫度

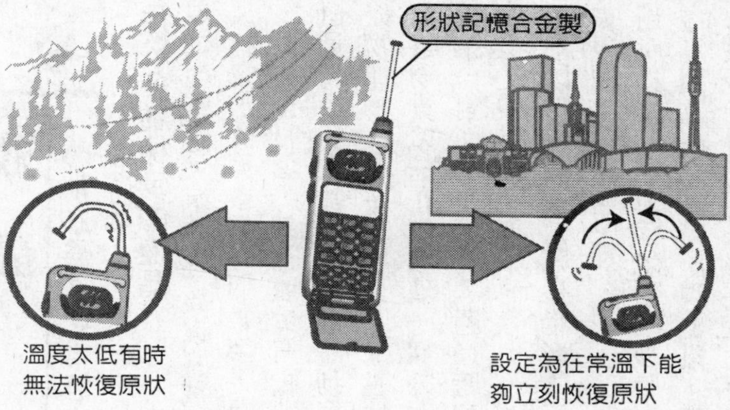
形狀記憶合金製
溫度太低有時無法恢復原狀
設定為在常溫下能夠立刻恢復原狀

大約五十～七十度C的熱水。進行溫度設定的形狀記憶合金的鐵絲，在常溫下能夠任意彎曲。

但是像行動電話天線的設定溫度非常低，在常溫下隨時都可以恢復記住的原狀。結果看起來就好像是具有彈性的彈簧一樣，但是不易變形，而且摸起來有如塑膠似的。

根據這個性質，在形狀記憶合金剛出現時，甚至有人開玩笑的說：「打算製造出就算被撞凹也能立刻恢復原狀的車子。」但**礙於成本，根本無法辦到**。不過像襯衫衣領或長褲摺線所使用的「定形加工」，則和「形狀記憶合金」完全無關，各位要牢記這一點。

＊**礙於成本，根本無法辦到**　不過，現在已經推出在金屬框上貼樹脂性外板、不會像金屬一樣陷凹的車子。

液晶

既非液體也非固體的現代必須品

◆使用於各種標示的液晶

現在從時鐘、電子計算機到電腦，各種標示板都廣泛的使用液晶。最初電子計算機的每個數字，是以七根棒子來表示，後來愈來愈精巧，現在有彩色，甚至以比電視映像管更細的程度來表示。

但是，很多人都不知道液晶**到底是什麼東西**。

以物理特性來說，它兼具液體和固體兩種性質，的確是不可思議。將這物質塗抹在像玻璃一樣的平面，如果通電，就會一個個站起來，讓來自對面的光通過。通過時變白，沒有通過時變黑，這樣就可以表現出文字或圖像。

如果以彩色表示，則是用光的三原色的濾網，藉著與透過的光混合而表現出各種顏色。

用手指按壓或掉落地面破裂時，會出現奇怪的圖案或變得一片漆黑。這是因為在起立時出現混亂，或是讓電通過的電線破損。因為具有非常微妙的特性，所以在使用時必須非常注意。

＊到底是什麼東西
事實上，液晶的原料是烏賊。

液晶表示出文字或圖形的構造

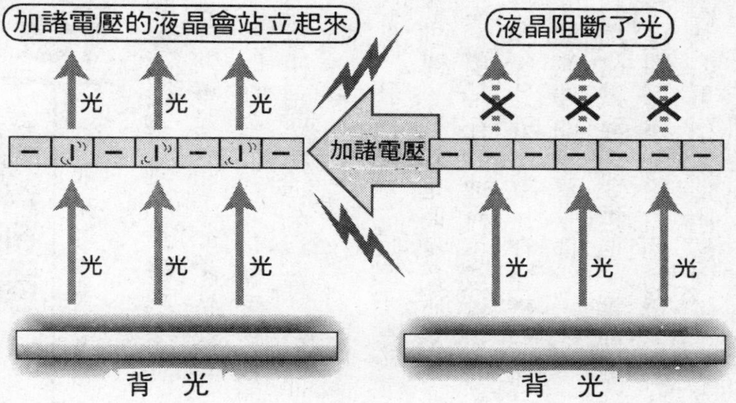

加諸電壓的液晶會站立起來
液晶阻斷了光
光
加諸電壓
背光
背光

◆兩種液晶螢幕

現在的液晶電腦螢幕有TFT和DSTN兩種。

DSTN是格子狀的電線遍布在面板，成本較低，但是要花較長的時間才能夠表示出來，不適合動畫等。

相對的，TFT的每一個液晶都是用半導體管控制，成本很高。

相信不久之後，將因為量產效果而使價格下跌的TFT成為主流。

＊DSTN 廉價板的文字處理機，甚至會使用更便宜的STN液晶。

10 磁浮列車

看起來不需要車輪，為什麼要裝車輪呢？

◆不需要用來奔馳的車輪嗎？

磁浮列車是夢想中的超特快車，但是為什麼速度會這麼快呢？使用普通車輪的移動方式，是藉著車輪與地面（道路、線路）的摩擦力而前進。但是使用摩擦力的原理，反而會產生阻力（行車阻力），造成限制。

因此，利用磁鐵的反彈力飄浮起來、不使用車輪就能夠行走的，就是磁浮列車。在推進時使用磁鐵的吸力或反彈力，不需要依賴車輪就能夠行走。但是在低速行車或停車時，為了使車體穩定，還是在車體下安裝了車輪。此外，為了在轉彎時做為引導之用，也可以在側面安裝車輪（就好像迷你四驅車一樣）。

利用磁鐵浮起或推進，需要效率極佳的電磁鐵。電磁鐵就是藉著讓電通過線圈而產生磁力的物質。因此，常溫超電導磁鐵是不可或缺的。這是因為如果不製造出超電導，也就是幾乎沒有電阻狀態的話，則電阻可能會使得線圈燒掉。

磁浮列車車輪的作用

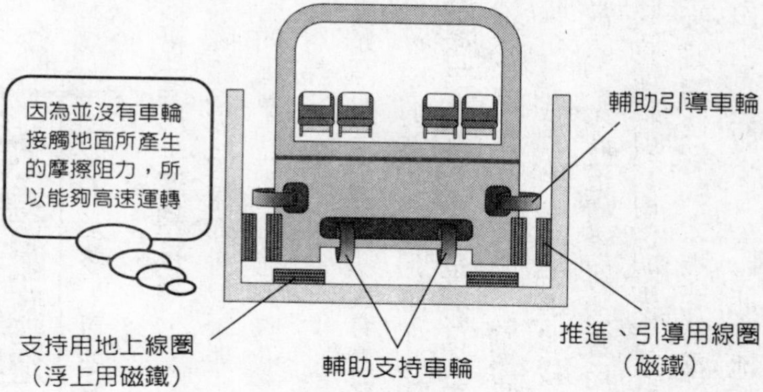

◆意外的實用化與競爭對手們

如果要使磁浮列車可以供人乘坐，則在磁浮列車技術方面，就要設計出大型的磁浮列車，而目前還在研究當中。不過像電動刮鬍刀或RV車的電動窗簾等較輕的物質，目前利用磁浮驅動的物質已在銷售中。

磁浮列車JR將成為新一代的新幹線，目前在山梨縣的實驗線測試中。但是浮上型的交通系統具有如飛機般短翼的列車，目前仍在研究中。如果是這種列車，則不需要電流通過線圈，就能夠飄浮，因此是一種省能源的構想。

此外，如果能夠讓車子奔馳於地下的真空管中，那麼就能夠使空氣阻力為零，同時大幅度減少噪音。

＊RV車的電動窗簾　以往是藉著鐵絲或馬達捲起來，但是手動容易造成故障，如果採用無接點的磁浮驅動方式，就不會發生這些問題，而且可以快速移動。

11 太陽能電池

並不是熱，而是將光轉換為電

◆這裡也運用半導體技術

太陽能電池的原理看似困難，但是，意料之外的卻非常簡單。當然，有的人會弄錯，不過太陽能電池既不是利用光，也不是像熱水器一樣利用熱。

將光照射在半導體（**大多為硅**）上，電子（帶有負電）及其穿孔（正孔，帶有正電）就形成了。電流是電子的流動，因此聚集在兩極時就會產生電流。並不是進行什麼操作而聚集在兩極，而是製造太陽能電池（半導體）本體時，就讓具有聚集負電性質的n型半導體和具有聚集正電性質的p型半導體接合而已。

當然，光靠這樣還無法實用化，因此，要製造出儀表板將其固定，同時還必須利用透明樹脂或玻璃蓋住。要在這幾個方面下工夫。

◆能賺錢的住宅的太陽能發電

由於量產效果，太陽能電池的價格不斷降低。標準的獨棟建築住宅用的3Kw系統，在十年內就能夠**回收成本**。

＊大多為硅
太陽能電池包括硅單結晶型、硅其他結晶型等數種。

＊回收成本
在日本，現在電力公司賣電和買電的金額相同，但看外國的例子，似乎有很大的差距……。

太陽能電池的基本原理

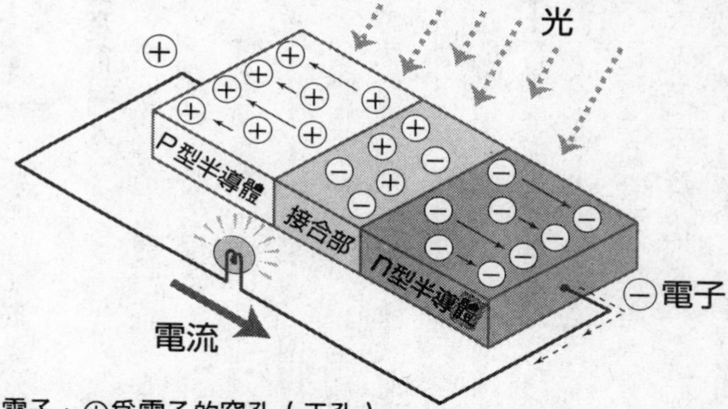

⊖為電子、⊕為電子的穿孔（正孔）

低價化不光是因為太陽能電池成本降低而造成的，也是因為從直流十二伏特轉換為交流一百伏特的「轉換器」的進步以及成本降低所造成的效果。如果耐用年數為二十～三十年，那麼剩下的十～二十年就不需付電費了，或是可以把電賣給電力公司來賺錢。

但是，現在「生產太陽能電池必須藉著核能發電或火力發電來供應」的狀態，不能算是保護生態的發電方式。

必須要等到「太陽能電池的生產是藉著來自太陽能電池的電進行」，才算是環保發電。

12 水擊泵

超省能源的汲水方式

◆聲音很嚇人

突然快速關上水龍頭時，會聽到很大聲的「砰」的大聲響，令人驚訝。這就是水汲的現象。

核能發電廠或工廠的冷卻泵會發生這種情況，有時會導致設備破損。這種水汲的力量讓人「困擾」。像核能發電廠的意外事故，有時候也是這種情況造成的。但是加以利用的打水泵，在沒有電的時代主要為歐美所利用。這一點讓人感到很驚訝。

「水汲泵」包括導水管、瓣以及安裝空氣槽的泵，或是只有打水泵**簡單**的裝置。當然完全不使用電。藉著來自導水管的水力，能夠將水往上打到與導水管落差為數倍～二十倍高度的地方。

它不像打水水車一樣要選擇設置環境，而且也可以取得更大的高低差。原理是藉著來自於導水管水的流動所產生的瓣的開關，使空氣槽中的壓力產生變化，藉著這個壓力送出水來。當然，打水高度愈高，汲取的量就愈少，這一點和電動水泵是相同的。

***簡單**
如果打水的高度為一公尺，則甚至不需要安裝空氣槽。

水擊泵的基本構造

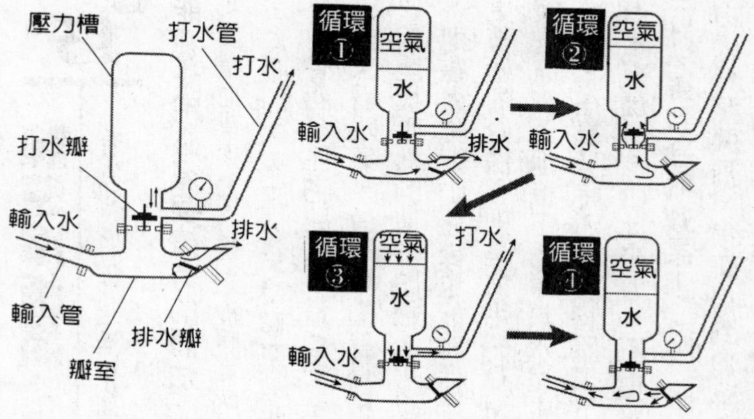

◆在不方便的地方非常的活躍

事實上，在喜馬拉雅山麓等不能使用電的山間，現在藉著日本等的技術指導，已經設置、使用這類裝置。

在日本、美國某些地方的牧場，也會使用這種裝置來汲水。

雖說會發出很大的聲響，令人困擾，但是，使用上非常簡單，甚至不需要維修，而且省能源，幾乎不需要能源（除了製作、設置以外，不需要另外投入能源），非常環保。

進入二十一世紀，泵應該是要「與人類分享」的好東西。

13 鈍態冷暖氣

看似鈍態卻是活化態的想法

◆省能源住宅必須要擁有的想法

使用電力或火力來得到冷暖氣的效果，是屬於活化態冷暖氣。積極利用太陽的熱等來產生冷暖氣效果，則稱為鈍態（被動的）冷暖氣。最近省能源住宅納入了這種想法。

首先來看暖氣。最簡單的就是積極吸收太陽光線來加熱地板的方法。要使地板吸熱的情形順暢，可以使用散熱速度緩慢的材質（水泥等），則在太陽下山之後也能夠保溫。

更積極的做法，則是採用「ＯＭ熱太陽系統」，亦即使流經屋頂下的暖空氣流入地板下的蓄熱水泥中，達到地板暖氣的效果。採用這個系統時，在夏暑時節必須將屋頂下的熱釋放到戶外。此外，多餘的熱可以用來燒水。由此來看，不但不是鈍態，反而是活化態系統。

◆也可以得到冷氣效果！

白天日照強烈，很難得到冷氣效果。到了夜晚，如果有夜露凝結，就可以使用這個在夜間散熱，於屋頂冷卻空氣，然後將冷卻的空

OM太陽熱的構造

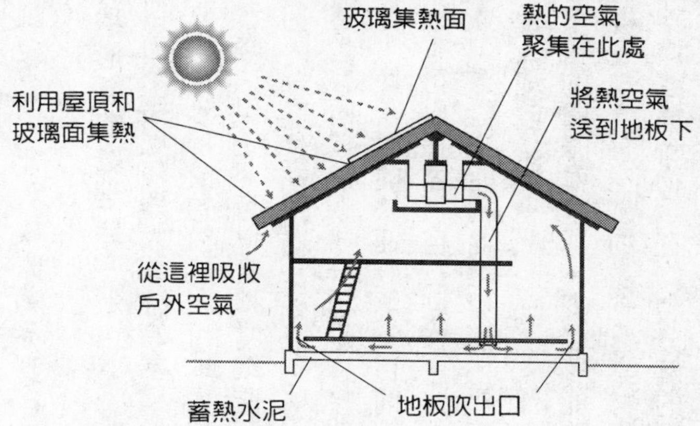
玻璃集熱面
熱的空氣
聚集在此處
將熱空氣
送到地板下
利用屋頂和
玻璃面集熱
從這裡吸收
戶外空氣
蓄熱水泥
地板吹出口

氣吸收到室內。利用冷空氣比較重的原理，讓它**自動流入室內**，或是使用風扇，藉此會比室內溫度低三～五度，甚至可以吸收到低七度以上的空氣。藉著結露可以除濕，更能創造舒適的環境。此外，夏天地底下與外面空氣相比是屬於低溫狀態（地下十公尺處一整年都維持穩定的溫度）。可以利用這一點讓換氣通氣管通到地下，使裡面空氣冷卻，再吹到室內。這就是「冷卻管」。

想藉著這些方法大幅提升效率，幾乎是不可能的，但是住宅本身一定要建立這種系統。雖然有不適合於大規模公寓的缺點，但是卻是今後值得注意的冷暖氣。

***自動流入室內** 藉著窗戶冷卻，窗簾外面的空氣從窗簾下面的縫隙進入室內。

14 廚餘處理器

能夠讓人感受到微生物可貴的裝置

◆各種形態的處理器

目前家用處理器大致分為兩種形態。一種是乾燥粉碎形，去除了大部分的水分，成為粉狀，可以大幅度的減輕重量與體積。不會進行分解發酵，但是，可以直接當成肥料來使用。

另外一種是利用微生物的力量進行分解、發酵，變成堆肥的方法。這也有兩種形態，一種是直接放在容器中分解，另一種是利用電力攪拌，使其更能快速分解。目前市面上販賣的廚餘處理器是後者，前者大家可以在家裡自行製作。自行製作時，要去除多餘的水分再送入空氣，這樣才能夠促進發酵，要花點工夫。

◆從家庭到城鎮

市售的廚餘處理器，安裝了能夠分解廚餘的微生物，以及微生物容易棲息、含有空氣的多孔質素材（鋸屑等），投入其中。然後慢慢的攪拌這些混合物，在均勻分解的同時，讓空氣進入，幫助微生物繁殖。

家庭用廚餘處理器的構造

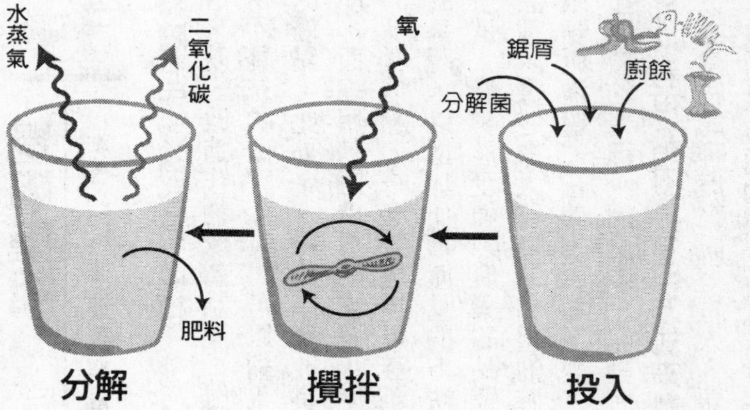

此外，在寒冷期時，微生物活動不良，處理速度較緩，甚至會停止處理，因此也有安裝加熱器的例子。

最近甚至有整個**城鎮、鄉村**變成一座大型工廠似的，進行垃圾減量及有機栽培農業。

在此解說一下並非廚餘處理器的廁所。

在考慮下水道或污水處理設施的建設時，當然要注意衛生和低成本的問題，但是，目前在國內還不普及。

可是現在已經開始使用乾燥型的臨時公共廁所。也許和海外同樣的，今後在觀光地區的公廁會更為普及。

***城鎮、鄉村** 雖然算不上是工廠的規模，但會給予購買廚餘處理器者補助金的自治團體增加了不少。

15 基因重組

是夢幻科學還是惡魔行為呢？

◆能夠隨心所欲的改良品種

近來基因改造作物成為話題，雖然大家質疑其「危險性」，但是某植物所具有的優秀性質，可以納入種類完全不同的作物中，這也許是它的優點。此外，一般的品種改良要花幾年到幾十年的時間進行選擇交配，而採用基因重組的方式，則可以立刻生產新的作物。考慮到今後的糧食情況，這應該是無可避免的道路。例如植入光合作用能力較高的基因，以增加作物產量的方法也不錯。

但是，能夠忍受強烈農藥的品種，或是對害蟲分泌毒物以培養抗性的品種，這些令人質疑的品種的確存在。在食物方面，當然會要求一些**限制與道德**。在美國，甚至發生在大豆中植入巴西豆的基因，由於引起過敏的情況，因此中止開發。

◆也可以利用基因重組的方式來製造藥物

以微生物的程度來說，植入人類基因的一部分，使其生產必要的物質，目前這方面的研究已經在進行中。像治療糖尿病需要胰島素

＊限制與道德

自己公司開發出的植物種子，才能夠應付自己公司所銷售的農藥——如果以這種方式開發產品，就可能會造成壟斷的情況，必須注意。

為什麼要進行基因重組呢？

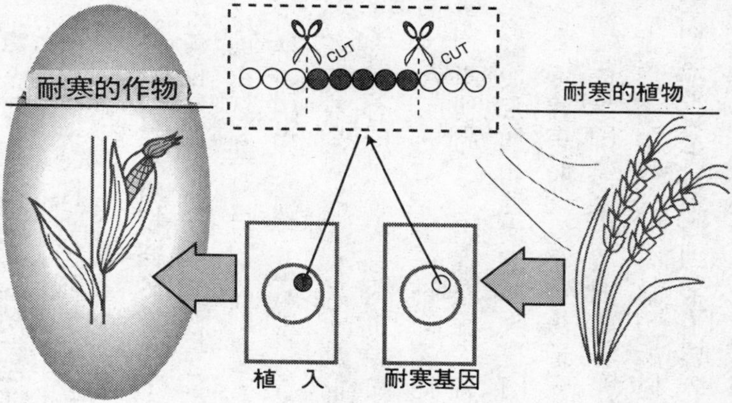

（由胰臟分泌的荷爾蒙），則可以將製造人類胰島素的基因植入大腸菌中，使大腸菌生產胰島素。如此一來，就可以用工業的方式大量生產原本只有在人體內才能製造出來的物質。

但是也可能會製造出新種的病原體。在自然界，也有吸收會產生赤痢菌毒素的基因的大腸菌變成0－157的例子，所以生化武器如果做錯一步，就有可能以人工**製造出沒有藥效的菌**。

考慮到現代的情勢，隨意的重組基因當然非常可怕，因此，關於研究方面的資訊公開以及加強監視等都是必要的工作。只要走錯一步，就可能出現與開發核武一樣的危機情況。

＊製造出沒有藥效的菌

現在最令人擔心的是，抗生素無法產生效果的菌（因院內感染而著名的MRSA等）。一旦發生植入這種基因的傳染病，則後果將不堪設想……。

16

何謂人類基因組解析？

從科學到商業，基因解析競爭甚至引發專利戰爭

◆人類的DNA解析終於結束了……

人類DNA的鹼基（參照一二八頁）大約有三十億對。一九八九年，以解析鹼基為目的，創立了國際性組織「人類**基因組**解析機構」，持續研究。到了二〇〇〇年六月，大致完成了人類基因組解讀。今後的課題，將是對於十萬個基因進行具體分析。

令人擔心的是，大家只將焦點集中在能夠立刻發揮作用（立刻賺錢）的部分。此外，甚至展開想要取得已經解讀的DNA專利的活動。美國專利局已經陷入恐慌狀態，因為申請專利的DNA序列中，也包括關於疾病和酵素的基因在內，產生很大的利益。但是，因為提出許多幾乎沒有時間進行重複審查的複雜專利申請，因此目前無法取得專利。先進國家推出只對於研究疾病原因或與新藥有關的基因分析結果、可以申請專利的方針，所以無法輕易的取得專利。

◆基因差別時代已經到來了嗎？

藥物開發具有極大利益，其中備受矚目的，就是在事前就可以知

＊基因組　構成人類生命所需要的基因群。通常一個細胞會從父母那裡各自得到一套基因組，因此基因組應該有兩套。

何謂基因組？

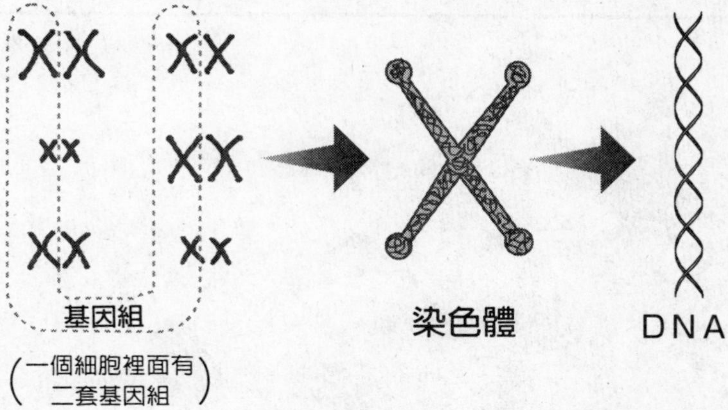

道遺傳疾病的可能性。如果在事前知道可能會發病，那麼就可以提高治療的可能性。相反的，也可能會被拒絕加入保險、雇用，甚至在婚姻方面也會受阻。

目前在美國就已經發生這類問題。關於遺傳資料，必須考慮保護隱私的問題。只要一根頭髮，就可以進行基因資料分析，就好像企業或銀行的顧客資料一樣，可以任意加以分析，甚至可以建立「基因名冊」。

要解決這個問題，就必須對「生命倫理」的觀念進行全國性的討論，並且制定國際性的條約。現在全世界正在朝這個方向發展，我想國內在這方面的技術不算是進步得太快……。

★最初的生命是如何誕生的？
★為什麼恐龍會滅亡呢？
★人和猿猴有何不同？
★人類進化後會變成什麼樣的生物呢？
★人類是可以複製的嗎？
★何謂酵素力量？
★病毒是不是生物呢？
★人類能夠冬眠嗎？
★海豚或鯨魚會說話嗎？

PART 4

神秘的生命構造

仔細想想，關於神秘的「生命」，
你到底了解到什麼程度呢？

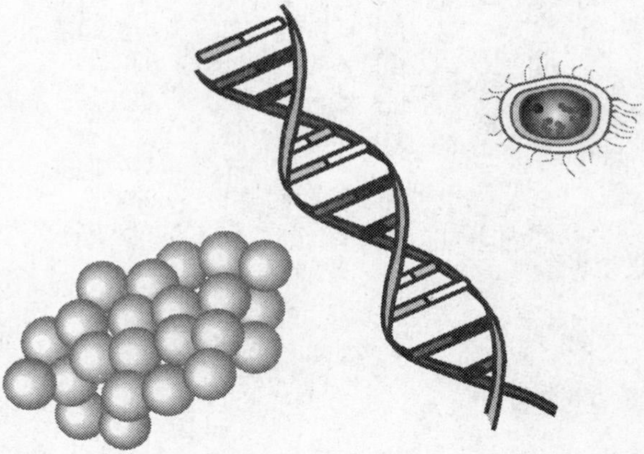

最初的生命是如何誕生的？

在古代海中飄浮的分子發生了什麼事情呢？

◆所有生物的祖先都是相同的

我們每個人都有父母，所有的生物也都有父母。這事情看似理所當然，但是到十七世紀為止，西方一直認為老鼠或蟲是從泥土中自然湧出的（**自然發生說**）。

＊**自然發生說** 十九世紀為巴斯德所否定。

現在，認為地球上的生物，全都是誕生於上古時代海中生命的子孫。現在地球上發現的生物，不論是動物或植物、單細胞生物或多細胞生物，全都有ＤＮＡ（或ＲＮＡ），其構造全都相同（當然，只有一些細菌的ＤＮＡ不同）。這意味著所有生物都有共同的祖先。而飄浮在古代海中的單細胞生物，可能就是生命的起源吧！

生物誕生最低限度的必要物質是蛋白質和ＤＮＡ（ＲＮＡ）。但是蛋白質和ＤＮＡ的分子是由幾萬～幾十萬個原子組合而成的。各種原子結合、在形成複雜的分子之前，要花很長的時間。

◆上古的地球是化學實驗室

現在已知的最古老生物化石，是在距今三十四億六千五百萬年前

蛋白質與DNA製造出生命來

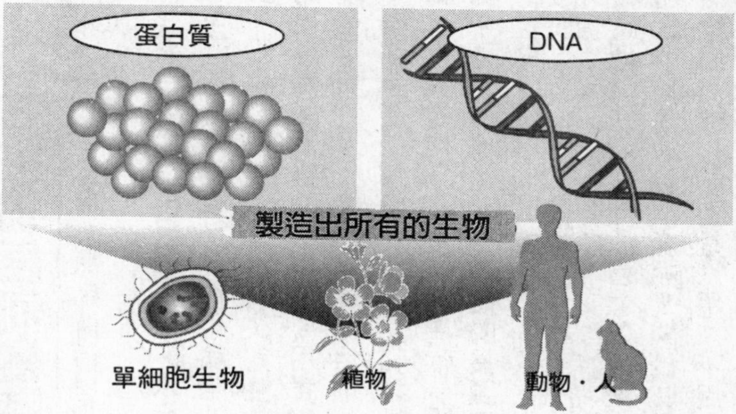

的藍藻。

在上古的海中，含有大量硫化氫和氮化合物，而且經常暴露在強烈的潮汐當中，也會受到雷的電擊，就好像是會孕育出生命的巨大化學實驗室一樣。

甚至有研究者在實驗室中製造出與古代的海類似的環境，製造出被視為生命「根源」的分子結合物。

但是，就算我們可以製造出與上古的海非常相似的環境，可是想以人工方式產生「生命」，畢竟是困難的事情。

甚至有的學者認為**生命的元素**來自宇宙。

＊生命的元素
在降落於地球的隕石中發現含有氨基酸的物質。也有人說，這是隕石掉落在地球之後沾到地球上的氨基酸才形成的現象。目前真相不明。

生物爲何會進化？

目前尚無定論的進化論的現狀

◆是採取自然淘汰說還是用、不用說呢？

在一些科學理論裡，進化論是非常神奇的學問。很多科學家發表了很多假設，但是，並沒有決定性的理論。這是因為想要親臨生物進化的現場是很困難的事情，要用實驗加以確認也是很困難的事情。因為沒有定論，因此，進化論仍然眾說紛紜。

在許多進化論中，達爾文和拉馬克的進化論形成強烈的對比。達爾文進化論的核心是「自然淘汰（自然選擇）說」。像長頸鹿的脖子很長，是因為牠比**脖子較短的長頸鹿**更容易吃到高的樹枝上的樹葉，因此能夠存活下來。換言之，只會留下可以適應環境的個體。這就是進化論。

這個說法看似理所當然，但是，為什麼本來會有脖子較長的長頸鹿和脖子較短的長頸鹿呢？關於其構造卻無法加以說明。

拉馬克進化論則是「用、不用說」。亦即生物的身體會為了適應環境而產生變化。長頸鹿想要吃較高的樹枝上的葉子，因此脖子變長

＊脖子較短的長頸鹿 不過現在日本動物園發現了被視為最接近長頸鹿原種的動物「俄卡皮」。進化論之謎，只在於俄卡皮和長頸鹿同樣的，在抬起長長的脖子時已經具備了不會引起貧血的器官。

自然淘汰說與用不用說

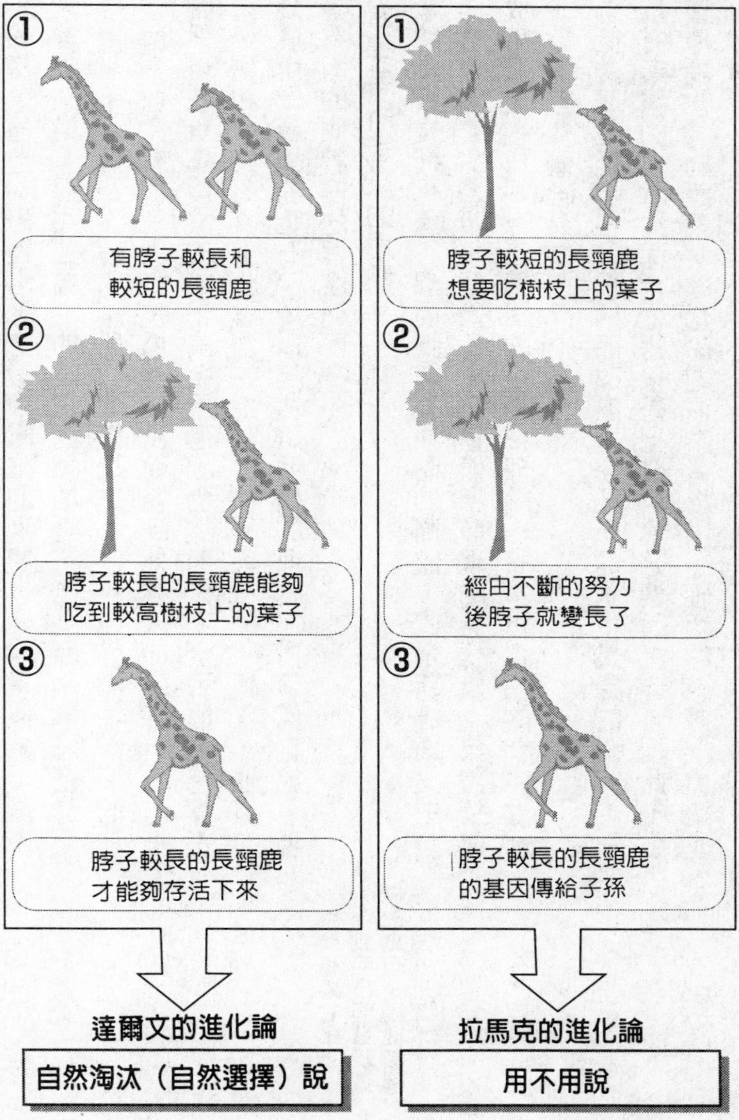
①
有脖子較長和
較短的長頸鹿
②
脖子較長的長頸鹿能夠
吃到較高樹枝上的葉子
③
脖子較長的長頸鹿
才能夠存活下來
達爾文的進化論
自然淘汰（自然選擇）說
①
脖子較短的長頸鹿
想要吃樹枝上的葉子
②
經由不斷的努力
後脖子就變長了
③
脖子較長的長頸鹿
的基因傳給子孫
拉馬克的進化論
用不用說

了。拉馬克說法的核心就是「獲得形質的遺傳」。父母所獲得的形質遺傳給子孫，甚至父母經由健身鍛鍊出來的身體也能夠遺傳給子孫。

大家都知道，現在拉馬克的說法已經被否定了。因為再怎麼努力鍛鍊身體，也無法將強健的體魄遺傳給孩子。拉馬克是達爾文的前輩，達爾文並沒有特別仇視拉馬克，反而受到他極大的影響。

雖然現在有達爾文的進化論，不過，仍然無法完全了解進化真正的構造。例如，達爾文進化論認為進化是慢慢進行的，但是，並沒有發現屬於**中間種類的化石**，所以無法證明他的理論。目前僅止於「現在是最有力的假設」的程度而已。

*中間種類的化石
幾乎沒有發現這樣的化石，因此被稱為「失去的環」。

◆日本學者所造成的震撼

承襲達爾文進化論，想要彌補其缺點的團體，就是新達爾文主義團體。這個團體的學說，納入德．布里斯所發現的突變以及集體遺傳學的成果。現在日本今西錦司的「分棲理論」與木村資生的「中立進化說」等，有多種研究在進行中。

今西錦司從配合各種形態而改變居住場所的水生昆蟲的研究，認為「沒有所謂的自然淘汰，生物只是配合環境分棲而已」，因此提出「分棲理論」，向達爾文進化論的信奉者提出「確切的證據」，造成極大的震撼。

「分棲理論」否定自然淘汰

現在備受矚目的木村資生的「中立進化說」，則是著眼於在DNA階段會以一定比例產生的變異情況。

生物進化時，DNA也進化。在DNA階段造成的突變，對生物而言幾乎都是沒有有利或不利的影響。這種中立的突變蓄積下來，再加上地球的環境變化，因此一口氣造成生物的進化，這就是中立進化說。

但是，各種說法都未被接納，大概以後才能夠確立決定性的進化論理論。在此之前，現代認為擁有「決定性證據」的生物都有**絕跡**的可能性，這點反而令人感到不安。

＊**絕跡**　表示進化過程的生物能夠適應的棲息環境狹窄，所以現在數目變少了。

3

為什麼恐龍會滅亡呢？

並不只是因為巨大隕石突然掉落而造成恐龍絕跡，原因有很多

*恐龍
恐龍僅指在地上步行的恐龍。擁有鰭腳、在海中游泳的蛇頸龍，或是在空中飛翔的翼手龍等，狹義上都不算是恐龍。

◆巨大隕石消滅恐龍了嗎？

生物史中，最大的謎團就是**恐龍**的絕跡。恐龍在距今大約二億二千五百萬年前到六千五百萬年前，是地球上的王者。而長期支配地球的恐龍卻突然絕跡了。同時在海中的鸚鵡螺和某種蜉蝣生物也不見了。到底發生了什麼事情呢？

只能認為是產生了某種大變故。雖然有很多不同的說法，但是現在已經確定的是巨大隕石撞擊說。調查地層，發現在恐龍棲息的中生代地層和新生代地層間的薄層（K／T交界層）中含有很多的銥。銥是非常罕見的金屬元素。為什麼只有這一層含有大量的銥？實在令人百思不解。

◆哺乳類度過嚴寒的冬天

加州大學的亞爾巴雷斯博士認為，這個大滅亡是巨大隕石撞擊造成的。他的說法是，這個銥是巨大隕石帶來的。

隕石大概是掉落在墨西哥的尤卡坦半島。隕石撞擊的結果，使得

巨大隕石使得恐龍滅亡了嗎？

2億2500萬年前～6500萬年前，恐龍是世界上的王者，目前以巨大隕石導致氣候突然改變而使恐龍滅亡的說法為主流。

大氣中散布大量的灰塵，把陽光全都遮住，地面變得**寒冷化**。恐龍無法適應這種環境變化，因而絕跡了。但是，在恐龍背後小小的哺乳類，卻能夠度過這個寒冬時代，成為地上的王者（但為什麼只有哺乳類能夠存活下來，也是個謎團）。

但是，根據最近的研究發現，在隕石掉落之前，恐龍數目就已經開始減少。可能是因為巨大化，所以能夠取得足夠食物的恐龍的數目減少，而且也「沒有機會」留下子孫。

有的學者則認為是因為緩慢的寒冷化導致植物的環境改變而造成的影響。

***寒冷化**　有人對恐龍採取溫血說的理論。草食恐龍的食物植物銳減，恐龍因無法忍受地球環境的寒冷化，因此沒有辦法存活下來。

4 何謂DNA?

如果沒有DNA,則生物的身體和生命根本不存在

◆DNA是一切問題的原因嗎?

世界上有各種不同個性的人。這些個性有的是與生俱來的,有的則是在成長過程中培養出來的。最近發現,這些都是DNA在作祟。成績不好或沒有耐性,都是DNA搞的鬼。但DNA**並不能決定一切**。

***並不能決定一切**
不過最近已經陸續發現與性格有關的DNA的存在。

談到DNA的作用,第一就是它具有製造我們身體的設計圖的作用。事實上,在DNA中已經畫出製造我們身體的蛋白質的設計圖。人體是由製造皮膚和肌肉等的蛋白質以及在體內具有各種作用的酵素等的蛋白質所構成的。

蛋白質是由二十種氨基酸組合而成。地球上任何一種生物的蛋白質,都是由這二十種氨基酸組合而成。DNA記錄了這些蛋白質的氨基酸組合方式,生物體(細胞)則配合必要,按照這個記錄來合成蛋白質。

DNA如何製造出人體？

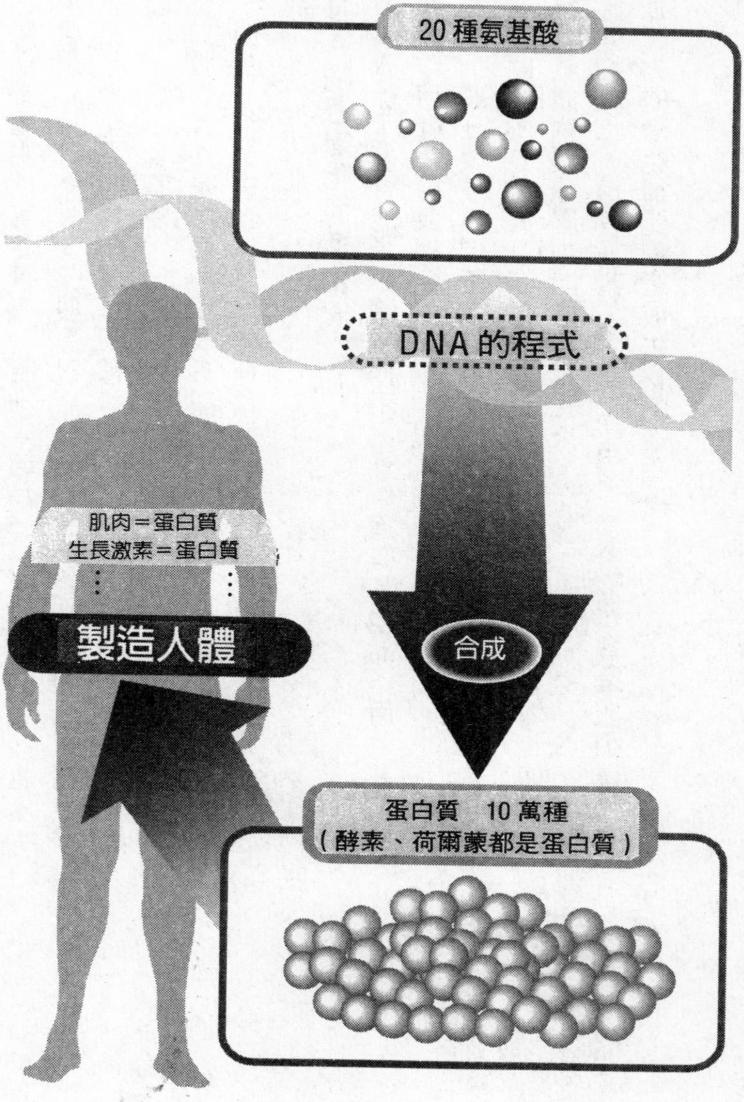

◆由四個記號所構成的蛋白質的設計圖

在每個細胞中都有DNA，粗細大約為〇・〇〇〇〇二毫米，長約一公尺，十分細長，二股DNA呈螺旋狀糾纏在一起。這個DNA中有記號，記號的真相就是四種鹼基。包括A（腺嘌呤）、T（胸腺嘧啶）、G（鳥嘌呤）、C（胞嘧啶）四種。

這二股DNA是由A與T、G與C組合而連接起來的。四個記號中，三個為一組，表示氨基酸的種類。例如，GAT的組合是天門冬氨酸。

◆DNA隨著變化而進化

DNA除了有合成蛋白質的作用之外，還有其他的作用。其中比較重要的作用就是自我複製。

細胞一邊分裂一邊增殖。首先是形成雙螺旋的二股DNA各分為一股。分開來的DNA各自形成新的伴侶，變成二套DNA。即使細胞分裂，也能夠製造出相同的DNA來。

此外，DNA也具有**會變化**的作用。原本變化會造成困擾，但是，DNA的變化卻能夠造成生物的進化。

＊會變化　各分為一股時，鹼基會移到原本糾纏在一起時相反側的DNA那裡，因此，即使沒有來自外界的刺激，細胞分裂時也會產生變化。

1DNA是製造身體的蛋白質的設計圖

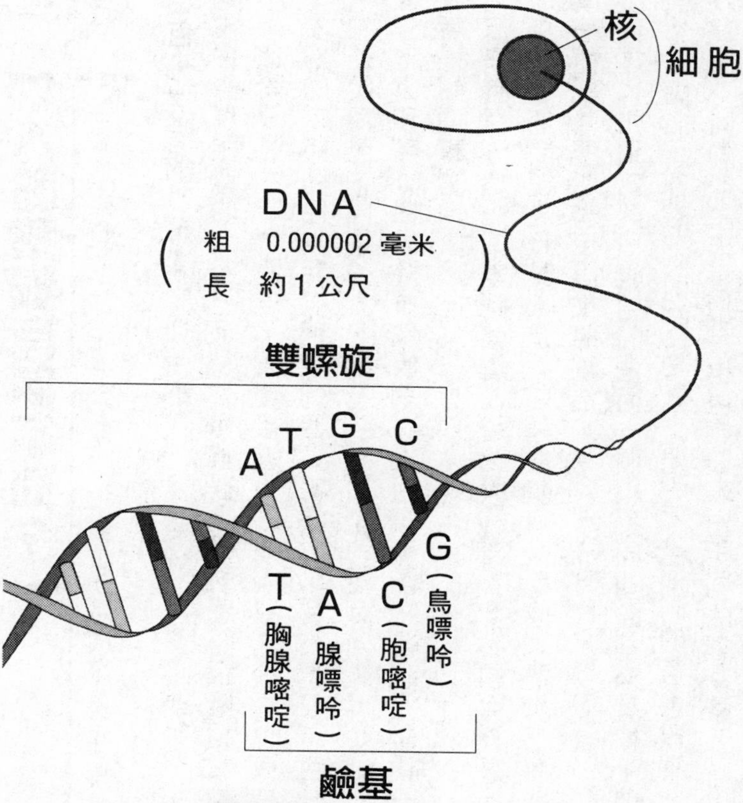

DNA記錄了製造蛋白質的
氨基酸的組合方式

例

GAT ＝ 天門冬氨酸

氨基酸

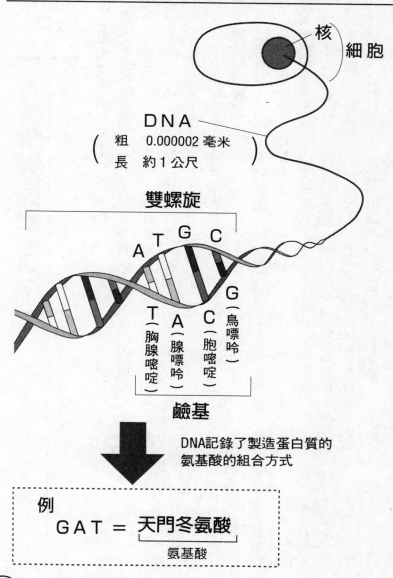

5 人和猿猴有何不同？

看起來類似卻完全不同，兩種生物的差異在哪裡？

◆是由百分之一的DNA來決定的

偶爾會發現相似的人，但是，人和猿猴之間則感覺距離相當的遙遠。不過比對DNA時會發現，人與接近人的類人猿黑猩猩也只有**百分之一左右**的差距而已。我們所說的個人差異，事實上也只有百分之〇·一的差距而已。同樣是人，卻有各種臉型、體型。

此外，人和類人猿的分歧點大約在五百萬年前，這也是經由分析DNA而得知的事實。

為何只有百分之一的差距就造成這麼大的差異？必須從DNA的構造來探討這個問題。DNA是由四種鹼基組合而成，是以三個為一組形成一種氨基酸所表示出來的構造。

換言之，如果三個一組中的任何一個用不同的鹼基來替換，就會形成完全不同的氨基酸，同時也會製造出完全不同的蛋白質來。當然，就算用不同的鹼基來替換，也可能表現出相同的氨基酸，所以也不見得會完全不同。

＊百分之一左右
但是剩下的基因中還有許多部分都沒有發揮作用，仍在休眠狀態中。

＊製造出更精細的工具來
簡單的說，就是「雖然有猴子電車，但是猴子卻無法製造出電車來」。

人和猿猴到底有何不同？

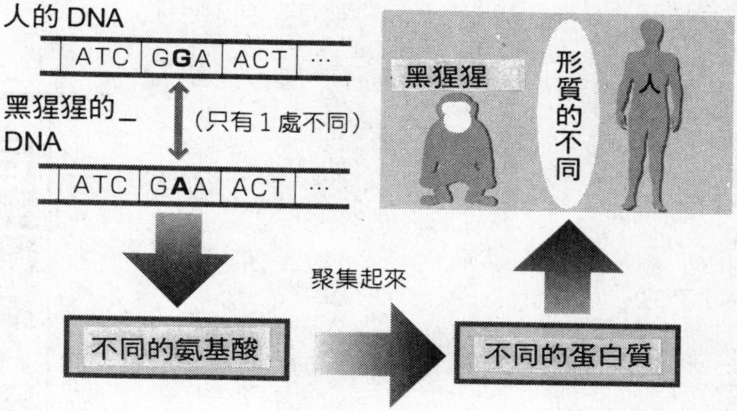

但是像突變等，則是因為這種程度的差距而產生的，所以像致癌物質、放射線或菸中所含的尼古丁等會損傷基因的可怕物質，相信大家都應該知道其可怕的原因了。

◆由工具來看人和猿猴的不同

從行動面來考慮，一般都會討論是否使用工具。但是有些黑猩猩會找尋長度適中的樹枝，去除上面不需要的枝葉，戳入螞蟻洞中，掏出螞蟻來吃。有些黑猩猩則只會使用身邊的木棒或石頭做為工具。除了猿和類人猿之外，海龍會利用石頭，還有某種鳥會使用仙人掌的刺來挖出蟲等，亦即除了人類以外，其他的動物也會使用工具。

那麼，就工具這點來看，我們應該如何來探討這個問題呢？

事實上很簡單，只有人類會做的事情就是「以工具**製造出更精細的工具來**」。所以，問題就在於是直接使用工具，還是利用工具來加工而使用更精細的工具。

人類的歷史可以說就是從這裡開始起步的。

6 尼安德塔人是人類的祖先嗎？

人類最大的進化問題點

◆原人、舊人、新人？

教科書中經常會出現一些表示人類進化的插圖。從四百萬年前的南非猿人到北京原人、爪哇原人以及尼安德塔人（舊人），還有後來的克羅馬儂人（新人，與現代人相同）。問題在於他們真的是我們的祖先嗎？看這些插圖，會讓人認為似乎真的是按照這樣的方式進化而來的……。

尤其是存活在距今二十三萬年前到三萬年前的尼安德塔人，真的逐漸進化成為我們現代人嗎？

◆令人失望的結果

最近（一九九七年）從尼安德塔人的化石中取出DNA，終於決定了這場議論的勝敗。

結論是兩者為完全獨立的種。雖然目前還在假設階段，但是，一般推理認為現在所有人類的親生父母，應該是來自二十萬年前非洲的一位女性。這是解析細胞內「**線粒體**」小器官的基因而了解的事實，

＊線粒體
在細胞內將糖、氨基酸、脂肪酸分解為水與二氧化碳以得到熱量的器官。也會獨自進行蛋白質合成，所以也有人認為它原本就是在外部的個別生命體。

尼安德塔人是人類的祖先嗎？

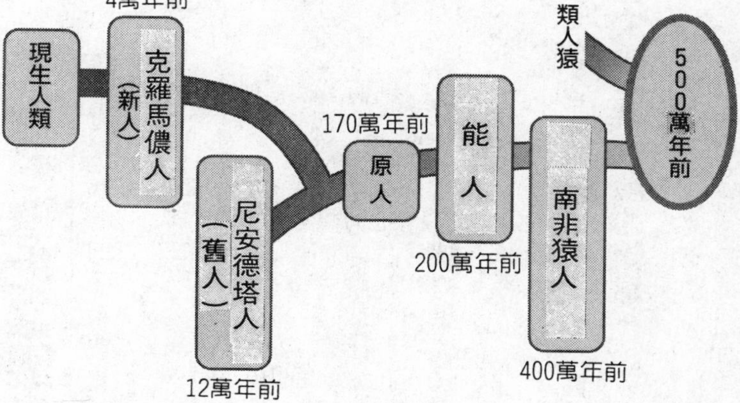

因此，她被命名為「線粒體夏娃」。

目前已經證明在她們和尼安德塔人等舊人之間並沒有雜交。

換言之，棲息在歐洲的尼安德塔人，應該是在比線粒體夏娃更早之前的非洲分歧到歐洲的另一種人類，結果成為**滅亡的人種**（或是被滅種了）。

其他的原人，也是由現代人的祖先分歧出來而最後滅亡的人種。

***滅亡的人種**

目前仍然有人認真研究喜馬拉雅山的雪男是尼安德塔人後代的說法。

7 人類進化之後會變成什麼樣的生物呢？

看來我們的子孫相當可怕

◆預言進化的「機動戰士」

最早的作品在距今二十年前登場，漫畫『機動戰士甘達姆』，提示了能夠進行更高度意念溝通（簡單的說，就好像心電感應一樣）的進化人類的「新形態概念」。能夠進出宇宙空間的人類，已經從地球這個狹窄的世界、從重力中解放出來……這就是故事的大綱。實際上科學家對於人類的進化是採取何種看法呢？

科學家預測的令人震撼的想法就是臉部的變化。最近利用電腦所模擬出來的一百年後的日本人，是屬於頭大、擁有細長的倒三角形臉，下顎較尖，看起來好像外星人。為什麼會做這樣的預測呢？其根據在於飲食生活的變化。

＊機動戰士甘達姆　二十歲以上的觀衆應該看過這部作品，正確的描繪出未來在太空環境中生活的情景。

◆飲食生活改變了臉的輪廓

最近年輕人的臉已經變小了，不知道你是否注意到這一點？尤其是下顎縮小、齒列不佳的男女非常多。甚至話都說不清楚。原因就在於食物。其孩提時代的主食魚、肉或點心等，全都是軟的、不需要咀

人的臉的現在、過去與未來

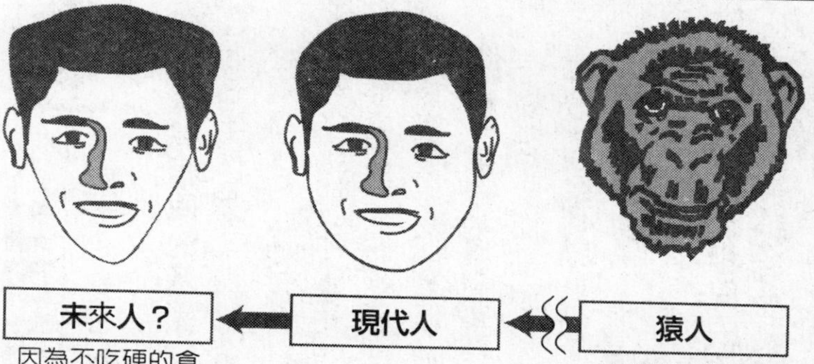

因為不吃硬的食物，所以下顎不發達

前齒緊緊的咬合在一起

嚼的食物。下顎骨和肌肉不發達，為避免咀嚼硬的食物，於是更會抑制牙齒下顎的發育。結果牙齒從下顎骨突出，形成暴牙或齒列不整的現象。

此外，舌的肌肉也欠缺活動，因此並不發達。舌頭經常收納在下顎的牙齒中。正常人閉口時，舌的尖端應該是抵住上方的前齒，但是因為舌頭收在下顎中，因此說起話來不清楚。各位只要將舌頭的尖端抵住下面的前齒來說話，就會變成現在年輕人的說話方式。

但是**美的感性會隨著時代而改變**。一百年後，也許這個倒三角形臉會成為「非常討喜」的臉也說不定。

＊美的感性會隨著時代而改變

看平安時代的畫軸就可以知道，當時（一〇〇〇年前）皮膚白皙的圓臉比較受人歡迎。

8 人類可以複製嗎？

如果是自己的複製品會變成什麼情況呢？

◆複製人擁有相同的基因

自九七年複製羊桃莉誕生之後，人類能夠複製的可能性也提高了。以桃莉來說，是使用體細胞的複製羊，而事實上使用卵細胞的**複製牛**，在日本已經進入實用化階段。複製動物，是擁有同樣基因的動物。為什麼桃莉會掀起話題呢？因為牠不是使用生殖細胞，而是使用體細胞成功複製出來的劃時代產物。方法如下。

「從一隻雌羊的乳腺取出細胞，在低營養狀態下培養此細胞。再取出另一隻雌羊的卵細胞並去除細胞核。將去除細胞核的卵細胞和乳腺細胞融合，經過幾次細胞分裂之後，置入代理孕母羊的子宮內著床。」按照這樣的順序誕生了複製羊。遺憾的是，到目前為止生存率並不高。

＊**複製牛** 關於這種牛的銷售問題，在一九九九年曾引起騷動。

◆無法製造出完全相同的人

那麼人類是否能夠複製呢？技術上是可以辦到的，但基於倫理的理由，製造出複製人的可能性相當低。原本在不孕治療方面，可以藉

複製羊桃莉的實驗

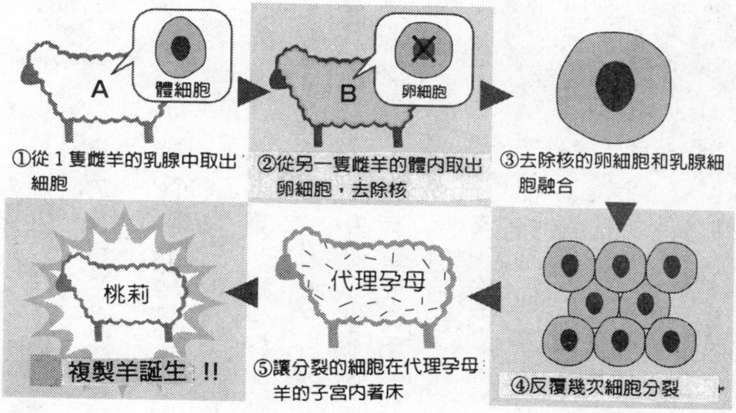
A
體細胞
B
卵細胞
①從1隻雌羊的乳腺中取出細胞
②從另一隻雌羊的體內取出卵細胞，去除核
③去除核的卵細胞和乳腺細胞融合
④反覆幾次細胞分裂
代理孕母
⑤讓分裂的細胞在代理孕母羊的子宮內著床
桃莉
複製羊誕生!!

著複製技術製造出孩子來，另外製造出移植用臟器等問題也在研究中，不過其倫理性受到極大的爭議。

此外，擁有相同的基因，就會成為同卵雙胞胎般的完全複製人。不過從同卵雙胞胎就可以知道，即使擁有完全的基因，兩個人也不會完全相同。

人的人格形成不光是靠基因，也必須要注意到環境和經驗。就算複製出希特勒來，也不見得會成為獨裁者。不過如果像三浦知良選手或中田英壽選手的複製人**有十人的話**，也許日本就能在世界盃中獲得優勝呢！

***有十人的話**　但是在成長之前無法受到控制，因此這個隊伍要成立需要花二十年以上的時間，所以當然來不及參加二〇〇二年的世界盃足球賽了。

何謂酵素力量？

本來的作用不是去除污垢

◆**分解或合成都能夠隨心所欲**

在洗劑廣告中，大家對酵素力很熟悉。它具有可以分解光靠洗劑無法去除的油污等的力量，感覺好像隱藏著什麼驚人的力量似的。

酵素是生物體內製造出來的一種蛋白質，例如，在胃或腸中發揮作用的消化酶，就是其中的代表物質。

此外，還有很多具有重要作用的酵素，例如，不像消化酶一樣具有分解作用，但是，卻具有合成作用的酵素。在體內連接氨基酸、合成蛋白質，才是酵素的真正作用。

例如，以白蘿蔔泥搭配秋刀魚或油炸菜等，也是因為白蘿蔔中所含的酵素能夠幫助消化的緣故。此外，鳳梨中所含的酵素，能夠使肉柔軟，所以在煎牛排時可以使用。

◆**安全的催化作用**

本身先和目的物質結合，使其恢復原有的形狀、性質，將目的物質「氧化、還原」，或是具有讓化合物「改變構造」作用的，就是

在體內具有各種作用的酵素力量

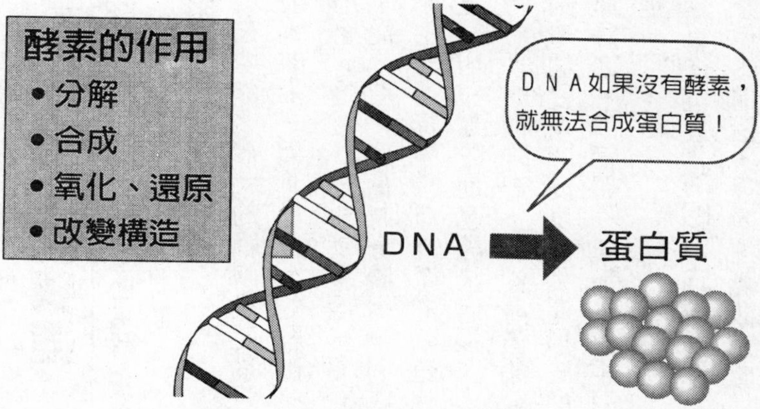
酵素的作用
•分解
•合成
•氧化、還原
•改變構造
ＤＮＡ如果沒有酵素，
就無法合成蛋白質！
DNA
蛋白質

「**催化劑**」。酵素是由蛋白質所構成的催化劑。如果不使用催化劑，則必須加熱到高溫、通高壓電或使用強酸、強鹼等來處理。

但是在生物體內，絕對不可能使用這麼危險的化學反應。因此，藉由酵素發揮作用，可使各種物質變成適合身體使用的狀態，其效率相當的高。

含有酵素的洗劑，就是利用酵素的這種性質來分解油污。此外，洗劑所使用的酵素是生物科技的產物，是利用細菌製造出來的物質。

＊**催化劑** 大家所熟悉的是，淨化汽車排放廢氣時所使用的催化劑。

10 發生的構造

一個細胞會變成形狀完全不同的組織的理由

◆細胞製造身體的奧妙

現在地球上最大的細胞是鴕鳥蛋。**蛋是一個細胞**。鴕鳥蛋是地球上最大的蛋，因此是最大的細胞。

*蛋是一個細胞　嚴格說起來，應該說蛋細胞在蛋黃上。

複雜的生物，一開始只是一個卵細胞。卵細胞受精之後，開始分裂。從分裂、分化為身體組織到成為身體為止，稱為「發生」。

發生的過程中，最神奇的就是哪個細胞製造哪種組織、如何製造，這一切在事先就已經決定好了。只有一個細胞，卻能夠形成幾種細胞，真的很神奇。我們身體的毛髮、皮膚和內臟，事實上原本都是由一個受精卵反覆分裂而形成的。

換言之，不管哪一種都具有相同的基因，卻能夠形成完全不同的細胞。

◆組織是以推骨牌的方式製造出來的

分化的構造，目前還無法完全了解。現在已知的是，由好像推骨牌般的構造製造出各組織來。

發生的過程

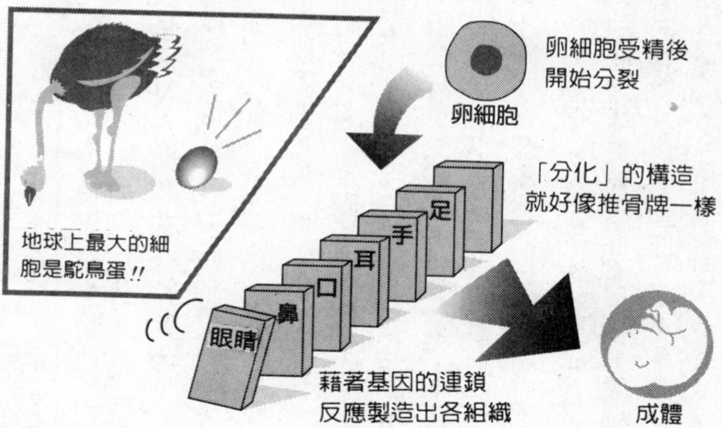
地球上最大的細
胞是駝鳥蛋!!
卵細胞受精後
開始分裂
卵細胞
「分化」的構造
就好像推骨牌一樣
眼睛
鼻
口
耳
手
足
藉著基因的連鎖
反應製造出各組織
成體

眼睛成為眼睛、鼻子成為鼻子，這些組織是經由幾百個基因發揮作用而製造出來的。這幾百個基因並不是一起發揮作用。

首先，必須有成為啟動開關的基因將開關啟動。這個基因所製造出的蛋白質則啟動下一個基因的開關。基因就這樣，以推骨牌的要領發揮作用。

目前正在研究發現最初啟動開關的基因，也許藉此可以由**本人的細胞**製造出移植所需的臟器來。這樣就不用擔心排斥反應，能夠安心的製造出移植臟器（因為原來就是本人的東西）來。

***本人的細胞**　根據最近的研究，即使是成人也有尚未分化的細胞。

11 病毒是不是生物呢？

生物與非生物的差距在哪裡？

◆只有DNA與殼的「物質」

提到病毒，大家都認為它是會帶給我們疾病的壞蛋。那麼，細菌和病毒到底有何不同呢？平常我們經常使用這兩個名稱，但是卻沒有仔細加以區別。

兩者的大小不同。雖有例外，但是細菌較小的為一～三微米，病毒則是二十～三百毫微米（毫微米是一毫米的一百萬分之一）。

但是，更大的不同點是身體的構造。細菌具備了所有維持生命所需要的細胞內小器官，具有單獨存活的能力，然而病毒則只有DNA（或RNA）以及包住它的殼而已，並沒有能夠維持生命的必要小器官，故以毫微米單位的大小就可以存在於世間。

由於這樣並無法從事生物的活動，感覺上並不是生物，因此，研究者之間對於病毒到底是不是生物，**意見紛歧**。

◆利用其他生物的細胞

如果說它不是生物，但卻又會展現侵入其他生物細胞中的活動。

***意見紛歧**　像成為狂牛病原因的蛋白質「普里昂」，雖然會感染增殖，但是並沒有基因，因此不被視為是生物。

細菌與病毒不同

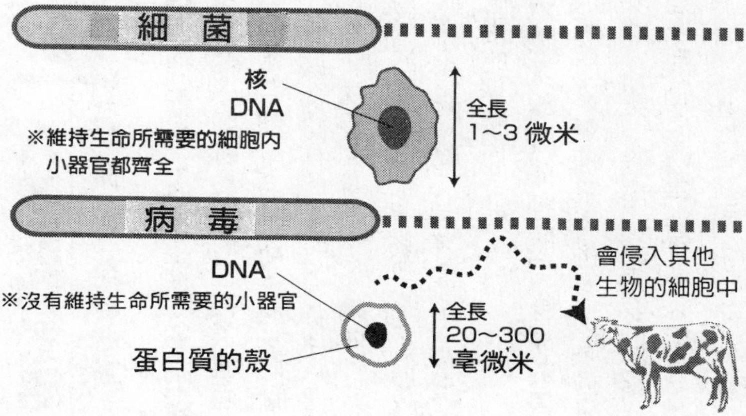

病毒一旦與其他生物的細胞接觸，就會從蛋白質的殼將DNA（RNA）注射到細胞中。侵入細胞的病毒的DNA反覆增殖，使用細胞中的材料形成殼。最後，在細胞中增加的病毒會突破細胞膜釋出。

利用這個性質，基因重組，完成運送基因的「**載體**」的作用。不見得只會作惡，有時也會產生助益。病毒只要有最低限制的裝備，就會侵入其他細胞而增殖，也許它才是最合理的「生物」吧！

＊**載體** 讓基因感染病毒而加以運送的物質。藉此可輕鬆的將目的基因送入大腸菌等中。

12 人類能夠冬眠嗎？

解開哺乳類的冬眠之謎

◆即使體溫低也不會死亡的冬眠動物

冬天寒冷的清晨，窩在被子裡面，不想去上班，真想冬眠。像青蛙或蛇等兩棲類或爬蟲類，以及睡鼠、松鼠、熊等部分的哺乳類都會冬眠。最近則認為冬眠的哺乳類具有某種「冬眠物質」。

兩棲類和爬蟲類等變溫動物，當周遭的溫度下降時，體溫也會降低，無法活動，進入冬眠狀態。但是，哺乳類在冬眠期間內，雖然體溫很低，卻能保持一定的體溫，亦即雖然低體溫，卻能維持生命，變成冬眠用的身體。

*熊　正確的說法應該不是冬眠，而是「冬天窩在洞穴裡」。睡眠較淺，而且經常清醒。熊冬天窩在洞穴中時會生產。如果是在體溫完全降低的「冬眠」狀態下，就不可能發生這種情況。

◆發現讓身體變成冬眠用身體的蛋白質

（財）日本神奈川化學技術科學院的近藤宣昭博士和近藤淳博士，調查花鼠的冬眠。發現其能夠將身體製成冬眠用身體的蛋白質。這就是冬眠特異的蛋白質。分析花鼠在夏季和冬季的血液，發現冬眠時擁有會變化的蛋白質。將這蛋白質命名為ＨＰ，後來又發現了好幾種。

將身體變成低溫用身體的蛋白質

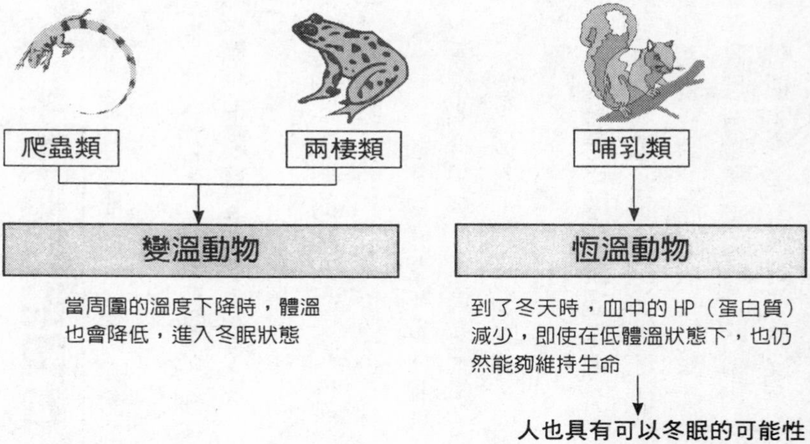
爬蟲類
兩棲類
哺乳類
變溫動物
恆溫動物
當周圍的溫度下降時，體溫也會降低，進入冬眠狀態
到了冬天時，血中的 HP（蛋白質）減少，即使在低體溫狀態下，也仍然能夠維持生命
人也具有可以冬眠的可能性

花鼠進入冬眠的構造如下。

首先，到了冬天時，腦中傳出訊號。

接著藉著荷爾蒙將訊號傳到肝臟。這時血中的HP減少，身體就會變化為能夠維持低體溫的身體。

幾乎所有的哺乳類或多或少都有這樣的機能。

我們人類應該也能冬眠。雖然不像科幻電影的「冷凍保存」，但是就醫療而言，也許可以期待這種作用應用在人體上。

13

生物時鐘的奧妙

為什麼能夠製造出自然的規律來

◆身體擁有早上清醒、夜晚睡覺的循環週期

我們一到早上就會醒過來，到了晚上就會想睡覺。最近也有日夜顛倒的情況發生……。不過人類即使在不知晨昏、沒有時鐘的地下室生活，還是能夠在正確的時間起床、就寢。但是不知道原因為何，並不是以二十四小時，而是以二十五小時為週期度過一天。

不僅是人，一般生物也是如此。換言之，動物體內具有規律性。像體溫或荷爾蒙的分泌等，也具有固定的週期。例如，醒來之後體溫逐漸上升，入夜之後體溫下降，因此，白天型的生活最適合身體的自然規律。

＊二十四小時　火星的一天為二十五小時。因此有研究者認為「人類是來自於火星」。

◆N乙酰5甲氧基色胺調整規律嗎？

到國外旅行或越過國際換日線之後，會出現時差問題。這是因為身體的規律和晝夜時間產生偏差的緣故。

目前美國已有銷售治療時差的藥物。其成分就是N乙酰5甲氧基色胺物質。這種物質是由腦內腦丘後方的松果體所分泌的荷爾蒙。

人的規律為25小時

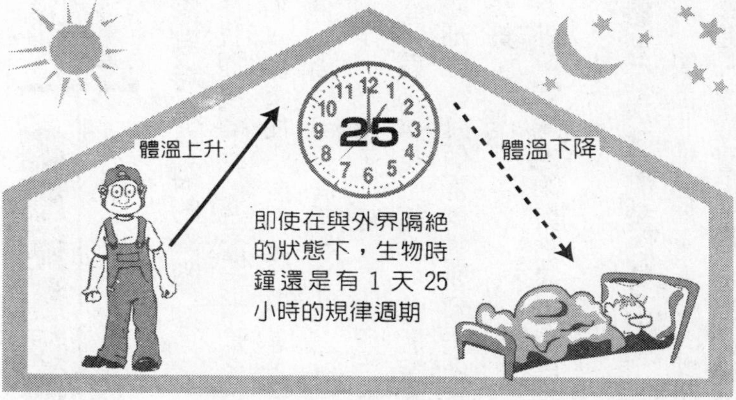
體溫上升
25
體溫下降
即使在與外界隔絕的狀態下，生物時鐘還是有1天25小時的規律週期

N乙酰5甲氧基色胺會在夜晚時分泌出來，令人產生睡意。松果體中的血清素N乙酰轉移酶（NAT）會將血清素變化為N乙酰5甲氧基色胺。這個作用在夜晚時提高，使N乙酰5甲氧基色胺增加，產生睡意。如此一來，到了該睡覺的時間就能夠睡覺，解決時差問題。

雖然目前無法了解到了夜晚N乙酰5甲氧基色胺就會大量製造出來的原因，但是，重點可能在於是否接收到明亮的光吧！

因此，如果有晝夜顛倒的問題，最好的方法就是早上沐浴在強烈的陽光中。

14 癌細胞和橫衝直撞的火車一樣嗎？

是自己又不是自己的細胞「癌」的奧妙

◆無限制持續分裂的細胞

從我們皮膚上脫落的污垢是死亡的細胞。不光是肉眼看得到的皮膚污垢，像糞便中有三分之一是內臟的污垢，而神經細胞一天會死亡十萬個，所以，細胞都難逃死亡的命運。

但是，細胞中卻有一直不死、反覆分裂的細胞，那就是癌細胞。提到癌，就好像是已經失控而橫衝直撞的火車一樣。

癌細胞有幾個常見的要因。大家都知道的就是香菸的煙及石綿等致癌物質。

此外，陽光中的紫外線也是皮膚癌的原因之一，而輻射也會引起癌症。

◆病毒會運送致癌基因嗎？

備受矚目的，就是病毒性的癌症。癌病毒擁有致癌基因，感染的細胞會進入致癌基因當中，造成細胞癌化。

致癌基因會偷偷的進入正常的細胞中，目前已經發現有五十種以

致癌基因的起源

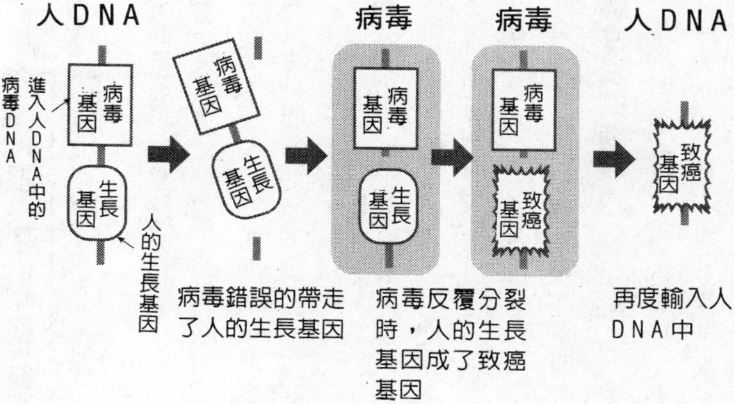

上。這是怎麼一回事呢？為什麼細胞會擁有自我毀滅的致癌基因呢？

事實上，細胞所擁有的致癌基因，原本是細胞的生長基因變化而來的。可能是病毒侵入細胞時將生長基因吸收到自體的DNA中，再加以**變化**成為致癌基因。等到再次侵入細胞時，就將致癌基因輸入細胞的DNA中。

但是，目前無法發現這樣的基因，因此還是要注意健康，遠離致癌因素。

***變化**　病毒的世代交替非常快，基因階段的變化也非常迅速。

15 海豚或鯨魚會說話嗎？

溝通的方式是叫聲、歌聲還是語言？

◆鯨魚甚至有方言或流行歌！

已經複製成CD銷售的「座頭鯨之歌」，基本上是雄鯨向雌鯨唱的**求愛之歌**。在為了繁殖而聚集於赤道附近時，這種表現最為強烈，一旦交尾時，歌聲就停止。交尾結束後又再度唱歌，實在是非常現實。

此外，依地區成立團體的鯨魚，每個團體會唱相同的歌。亦即轉節和詞組不同，甚至每年都有變化，有時還會納入與去年隔壁團體所唱的歌類似的歌，就好像這些歌也有流行一樣。

目前已經確認不同海域的海豚和逆戟鯨團體有其「方言」，因個體的不同，聲音也有微妙的差距，可以互相識別對方。

◆認識文法的海豚

根據飼養海豚所進行的實驗，發現海豚能夠了解到「把衝浪板送到人身邊去」和「把人送到衝浪板旁邊去」的差別。雖然習慣上的表演是將衝浪板帶到人身邊，但是，牠卻能認出文法的不同，也會做出

***求愛之歌** 此外，也用來進行親子溝通等。

海豚能夠了解文法嗎？

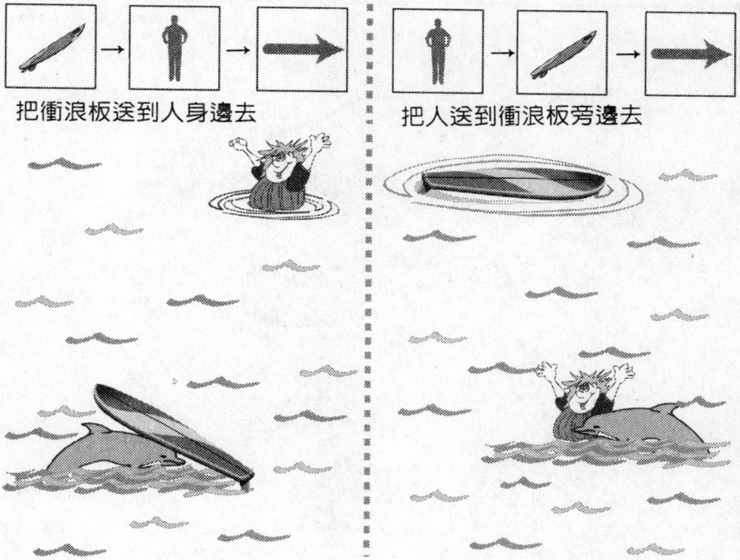
把衝浪板送到人身邊去
把人送到衝浪板旁邊去

相反的動作來（實際一看，用鼻子頂著人送到衝浪板邊的模樣，真的很逗笑）。

這種語言認識的水準，甚至比黑猩猩等類人猿來得高，由此證明了海豚、鯨魚的高等性。此外，甚至有人說，人類也有一段時期過著海洋生活，之後才慢慢的進化而來。

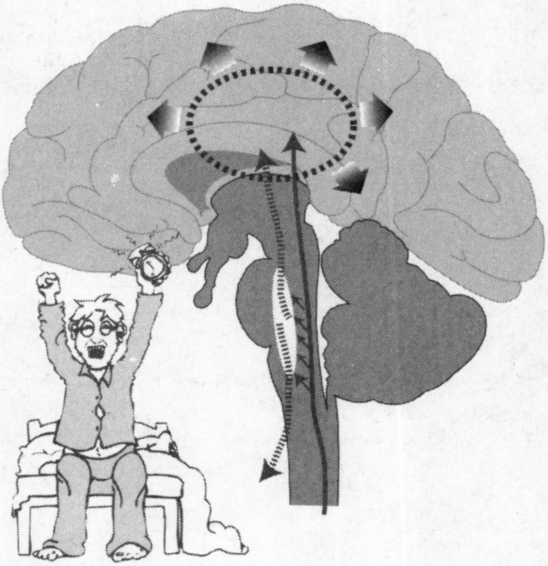

★為什麼會想睡覺？
★為什麼會做夢？
★何謂腦內麻藥？
★似曾相識是如何發生的？
★為什麼會發生老化？
★男與女決定性的差距在何處？
★為什麼會喝醉酒？
★何謂穴道？
★為何會產生花粉症？

PART
5

自己也不知道的人體的奧妙

理所當然的日常睡眠是「人體」的高度構造

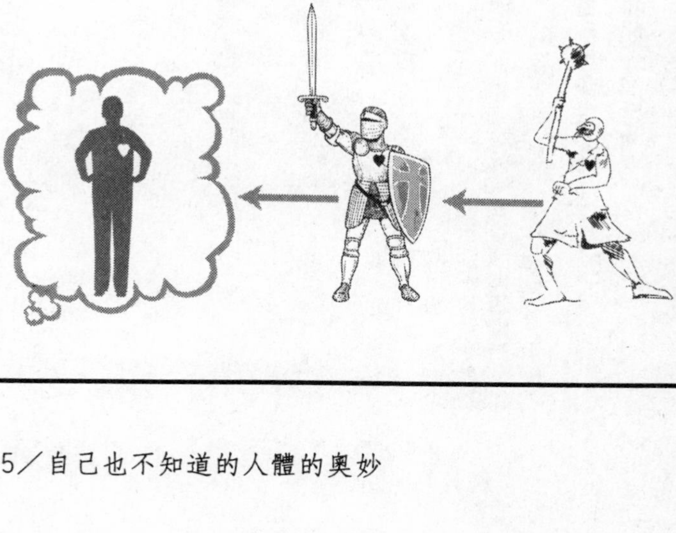

為什麼會想睡覺?

因為是本能，所以無法處理的問題堆積如山

◆事實上科學無法解答這個問題

為什麼會想睡覺?科學無法完全加以說明。有人說是為了恢復體力，有人說是本能，有人說是為了逃避現實世界、享受安逸或避免熱量減少等，無法做出明快的回答。甚至有許多人提出完全不合道理的說明。

例如，經常聽到有人說：「不睡覺會死喔!」但是，藉著像佛教斷眠修行等的宗教努力，就可以控制睡眠時間。有的人一天睡一個小時就足夠了，而三天三夜持續不睡一直在工作的情形也**實際存在**。

以科學的觀點來看，科學家甚至認為睡九十分鐘就夠了。在腦休息、身體依然活動的狀態下，是眼球一動也不動的「深眠」，但是如果是身體休息、腦活動的狀態，這時眼球會不斷的轉動，這就是「淺眠」。這個週期大約為九十分鐘。光是這樣，就能夠讓腦和身體消除疲勞。事實上，經由體溫測定等，發現只要一個週期就能夠恢復七成的體力。

***實際存在** 以普通人為對象進行斷眠實驗，發現就算張開眼睛時，也會出現睡著時的腦波。

此外，「REM睡眠」（速波睡眠）、「非REM睡眠」（慢波睡眠）的說法，是來自於在這兩種睡眠形態時眼睛的活動。REM指的是眼球激烈的活動，因此「深眠」就是非REM睡眠，「淺眠」就是REM睡眠。

◆有人三十年都不睡覺……

世界上甚至有人三十年都一直清醒而不睡覺。這名女性並非罹患一般所謂的失眠症。有失眠症的人，通常在自己沒有察覺的情況下是睡著的，然而她卻完全沒有睡著的時候，而仍然能夠活著。三十年後有一天，突然能夠睡覺。不過三十年來卻沒有生病，**過著正常的生活**，令人驚訝。

*過著正常的生活
但是不安感及深夜裡只有自己一人清醒著的孤寂感相當的強烈。

不過，人類藉著生物時鐘所建立的規律，如果不能夠取得某種程度的規律睡眠，就會引起各種異常。現代人不規律的睡眠生活，成為各種精神、肉體疾病的原因，這是最近一直在探討的話題。

而能夠有效恢復規律的就是光。早起沐浴在陽光下，就能夠恢復正常的規律。所以按照幾萬年前傳承下來的本能規律感，是大家較容易了解的想法吧！這個生物時鐘，並非以二十四小時，而是以二十五小時為週期。因此，如果不藉著陽光等給予規律性，則仍然會造成混亂。

◆不睡覺是不正確而睡覺才是正確的情形嗎？

另一方面，雖然科學上了解到「為什麼需要睡眠」，但是關於「為什麼要保持清醒」，目前仍無法完全了解。

在腦的中央部有「腦幹網樣體」這種組織，保持清醒的狀態，就是藉著這裡的作用所造成的。來自感覺神經的訊號，當然會直接送達到腦，但一部分會刺激「腦幹網樣體」，由這裡投射到整個大腦的系統，造成清醒狀態。相反的，當這個活動減弱時，則意識程度降低，變成睡眠，一旦停止就變成昏睡狀態。

因「腦幹網樣體」的異常而引起的疾病，即「發作性睡眠」。亦即患者即使在白天認真工作，卻總是想睡覺，或是因為情緒突然高漲而全身肌肉力量放鬆，整個人倒下，引起**發作**性睡眠的狀態。想睡，是因為到達腦的投射系統（升系統）異常，而肌肉力量放鬆，則是到達身體的投射系統（降系統）異常。有時會被誤解為「只會打瞌睡的懶惰鬼」。

這種疾病只要花點時間就可以治好。診斷的關鍵並不是在於白天想睡覺，而是放鬆全身肌肉力量的降系統異常。所以，不可以說是偷懶、打瞌睡，而要說是「發作性睡眠」。

***發作** 發作性睡眠的患者，經常會出現剛入睡的幻覺（入眠時幻覺，參照一九六頁）。

何謂清醒？

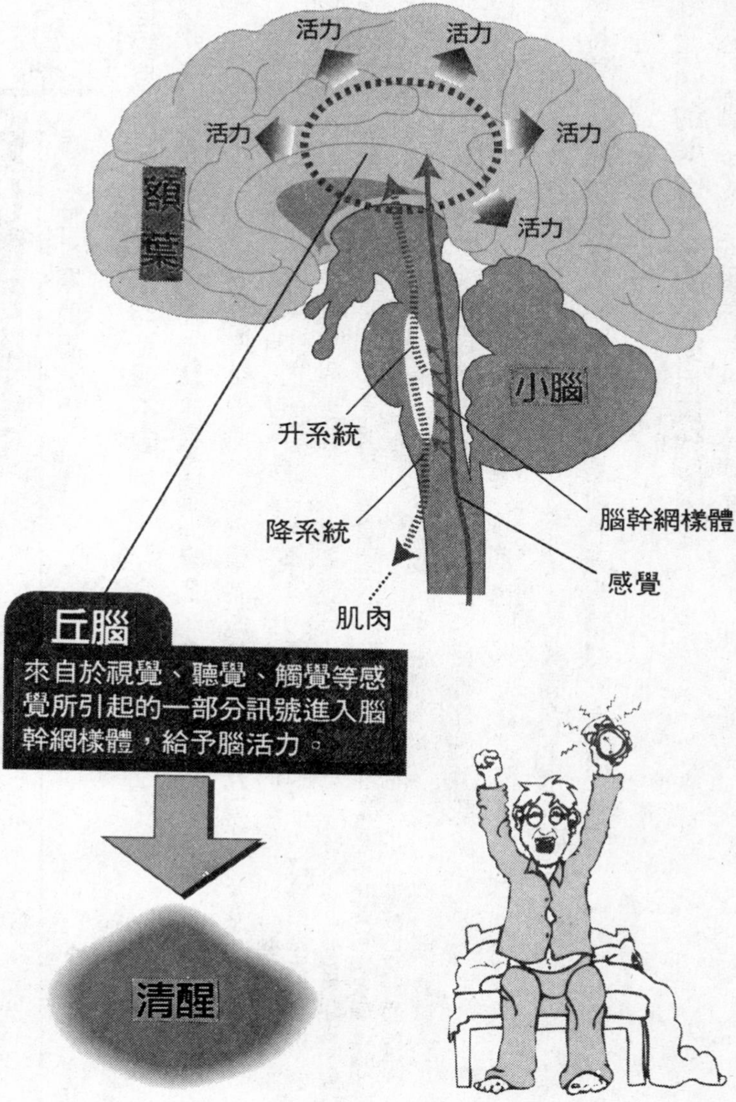

活力
活力
活力
活力
活力
額葉
小腦
升系統
降系統
腦幹網樣體
感覺
肌肉
丘腦
來自於視覺、聽覺、觸覺等感覺所引起的一部分訊號進入腦幹網樣體，給予腦活力。
清醒

2 為什麼會做夢？

與記憶有關的腦的構造

◆心理學家與腦生理學家的見解不同

做夢會出現在前一個主題「為什麼會想睡覺？」中所說的REM睡眠時，即腦開始活動、身體在休息的時候。這時做的夢**佔了九成的比例**。極端的例子就是「鬼壓床」的現象（參照一九四頁）。

***佔了九成的比例**
睡覺時以腦波計觀察腦波的變化，然後叫醒被實驗者，問他是否做了夢。根據這樣的實驗而得到這個明確的數據。

回到原來的話題，為什麼會做夢呢？現在心理學家認為是「為了消除欲求不滿的現象而做夢」。這是指將其象徵化，藉著影像的轉換而引起的，像佛洛伊德和雨果最有名的例子就是「夢解析」。

另一方面，腦生理學家之間的看法，則是「在來自外部刺激較少的睡眠中，會挑選記憶中活動時所需要與不需要的物質，為了讓需要的物質固定下來，因此會做夢」。腦會挑選記憶，將其固定下來，因此「會做夢」。舉個簡單的例子，在受到前一天經驗到的事物或是睡前所看的書的影響時就會做夢。

◆對於預知的夢的存在又該如何解釋呢？

但是，問題在於一些藝術家和科學家藉著做夢而得到靈感，也就

夢的真相

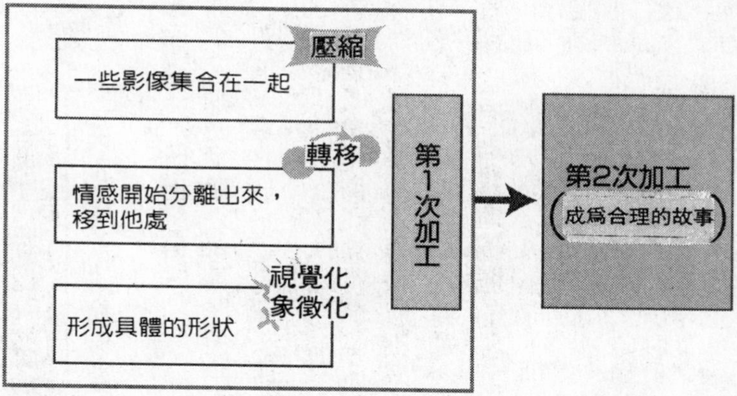

是所謂的「預知夢」。據說愛因斯坦是在夢中得到宇宙論的構想，而縫紉機的發明者，則是從出現在夢中的南方原住民的槍得到開孔的針的構想。這些都是著名的故事。

有人認為，平常所思考的事情，由腦記憶下來加以整理時，會映像化而成為夢出現。所以預知夢應該是將自己在意的事情化為夢而出現的吧！

不過還是有一些構想夢或預知夢無法用這種理論加以說明。有人認為，這應該就是雨果所說的和「**集合的無意識**」有關而產生的景象。一部分的研究家認為，可以藉由夢而得到各種訊息。

＊**集合的無意識**　在深層意識更深處的無意識世界裡，已經超越所有的人串連起來。這個串連超越時空，因此有的人會做預知夢。

3 何謂腦內麻藥？

不會觸及法律而且沒有副作用的最強麻藥

◆腦中所分泌的荷爾蒙

通稱「腦內麻藥」，專門術語是「內因性類似荷爾蒙物質」。發現這個物質的關鍵在於，進行關於腦內**神經傳遞質**以及接收神經傳遞質的受體的研究時發現了嗎啡的受體。

神經傳遞質是將訊息從神經末端傳到下一條神經時使用的物質。它是從擁有訊息的神經末端釋放出來的物質，如果相反側的神經沒有可以接收的物質，則訊息就無法傳遞。這個接受的物質就稱為受體。

＊神經傳遞質　存在於相連的神經細胞之間，聯絡縫隙的物質。

◆有麻藥也有興奮劑的腦的奧妙

但是，如果不從外界攝取，則原本不存在於體內的嗎啡受體，當然不可能事先就存在於腦中。因此，研究出在腦中有類似的物質，在英國發現了腦啡肽，在美國發現了內啡肽。

後來陸續發現三十種能夠與嗎啡受體結合的物質，全都是氨基酸結合而製造出來的「肽」。這個「內啡肽類」具有與嗎啡同樣的爽快感和鎮痛效果，任務結束之後即被酵素分解，不會讓作用一直殘留在體內而

神經傳遞質與受體的關係

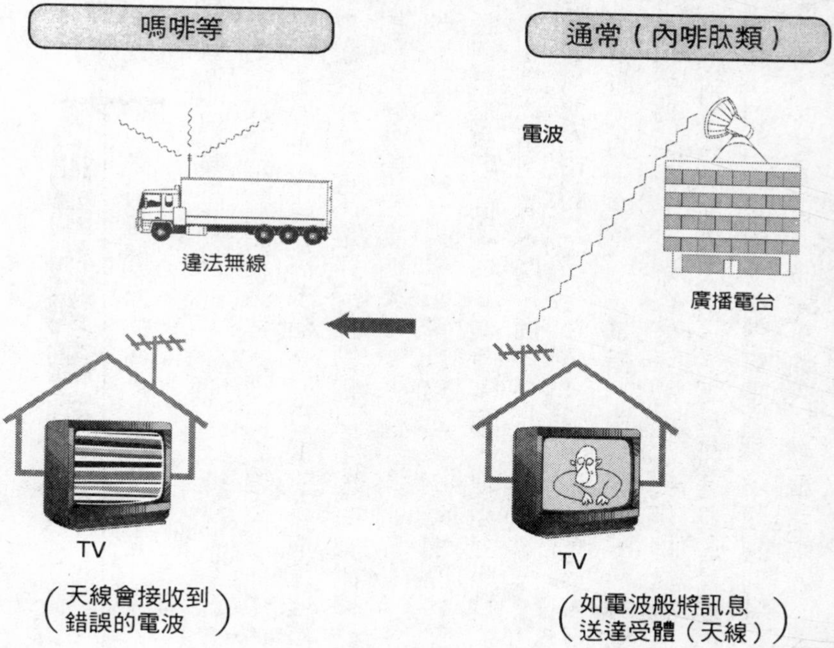

形成中毒或依賴症。這一點和嗎啡不同。

此外，具有興奮劑作用的則是多巴胺。

這種神經傳遞質的作用非常強，對於清醒、快感、運動機能具有極大的作用。一旦調節運動系統的部位缺乏多巴胺，則會出現**帕金森氏症**的僵直與顫抖現象。

＊**帕金森氏症** 手顫抖，肌肉僵硬，動作不靈活、變得緩慢的症狀。原因是大腦基底核缺乏多巴胺。

4 何謂絕對音感？

開創超能力的音感之謎

◆音痴是如何產生的？

音痴家庭並不是因為遺傳，而是因經驗而產生的。音痴的母親無法教孩子唱歌，也很少有機會讓孩子聽音樂，因此孩子不會唱歌。音感是在成長的較早階段培養出來的感覺，如果母親是音痴，也會教出音痴的孩子。

長大成人之後，幾乎都**可以矯正**。這是因為大部分的人都能夠自覺到自己是發聲有問題的「發聲音痴」。但是，聽力有問題的「聽力音痴」，則必須去看專門醫師。

***可以矯正**

因此也有這類的矯正學校。有些人可以前往矯正。

◆絕對音感與相對音感

通常所說的「音感」，是指「相對音感」。亦即從一個音來感覺上下音程的能力。「音感很好」的人，就是指具有這種能力。

「絕對音感」則更加厲害。不是藉著普通音程，而是以絕對的音高，亦即「頻率」來辨音。就算是頭一次聽到的音樂，也能夠正確的敲出音符來，甚至可以將音符輸入行動電話中。

相對音感和絕對音感的差距是什麼？

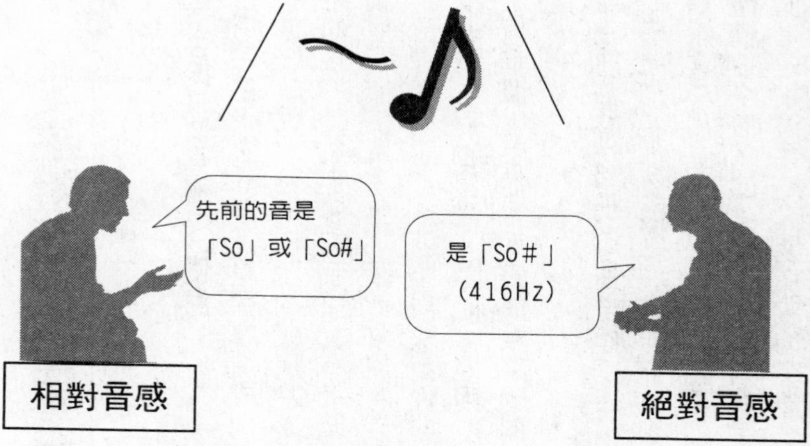
先前的音是
「So」或「So#」
是「So＃」
(416Hz)
相對音感
絕對音感

此外，聽到鳥叫聲、鐘琴聲、淋浴時的水聲，也全都能夠當成絕對音階分辨出來，是非常優秀的能力。但是，卻因此而對於普通人很難察覺的雜音等不協調的音，也會聽得很清楚。

絕對音感是受到從胎兒階段到二～三歲、最遲至六歲之前的音樂環境的影響而培養出來的。在電腦軟體或網路的網頁上有「絕對音感學校」，不過我想還是在父母的圍繞下快樂的培養出音感較好。

但是，音樂家的孩子，並非個個都具有絕對音感。

5 慣用右手與慣用左手的差距

為什麼會有「慣用手」？

◆是與生俱來還是習慣使然

慣用手是天生的，還是習慣造成的，實際情況如何呢？在孩提時代，可以任意的使用左手或右手。到上幼稚園時期，慣用右手的人，其左手和右手並沒有很大的差距，只不過在家庭的教養下，讓他習慣使用右手，因此常用右手罷了。

到了青春期開始，就出現決定性的差距。不過最近很多父母不再矯正孩子用左手的習慣，因此，慣用左手的孩子增加了。而像**運動選手**等，也有慣用手從右手變成左手的例子。不過，這些幾乎都是後天習慣造成的。

◆左手是「保護自己的手」嗎？

以構造來看，人體的心臟靠向左側，為了保護身體，在無意識當中，右手會使用在各種用途上，左手則成為守護之手，盡量不使用。以身體構造來看，的確會產生慣用右手的習慣。

但是，如果在胎兒期造成的突變，亦即心臟在右、肝臟在左（雖

＊運動選手
慣用左手的優秀棒球選手（投手）特別多。像漫畫「巨人之星」的飛雄馬，被父親一徹訓練成左投，相當的著名。不過在『新巨人之星』中，卻成為右投而重新復活了。

然很少人擁有這樣的身體構造），則也不見得會慣用左手。

天生完全慣用左手的人只佔少數，為什麼會有這種情況，則原因不明。

據說慣用左手的人，掌管感性的右腦發達，適合當藝術家等。的確，很多藝術家都是慣用左手的人。關於這一點，科學無法加以證明。

請看看自己的周圍，就算慣用左手的人還不到藝術家的程度，不過也應該都是一些獨特的人吧！

記憶構造

並不是因為了解所以能夠提升記憶力

◆是長期還是短期呢？兩種記憶形態

也許大家會感到很意外，關於記憶這個行為在腦內的構造，目前已經有了更進一步的了解。根據記憶的構造，可以說明記憶本身分為當場記得的「短期記憶」，以及長時間一直記得的「長期記憶」。考試前所背的英文單字在考試時能夠記住，但是一考完就忘記了。問別人電話號碼，只記在腦中，並沒有記在記事本裡，而後來要打電話給這個人時，卻想不起電話號碼。這都是因為「短期記憶」停止的緣故。

我們所察覺到的事物，會先以「短期記憶」的形態記憶下來。這和大腦邊緣系「海馬」的部分有關。如果此處因為意外事故或疾病而受損時，則將完全無法記住新的事物，而會出現連日常生活都要做好記錄以代替記憶的可憐情況。但是，這些人對於在遭逢意外事故或生病之前的往事，卻都記得一清二楚，由此看來，「長期記憶」和海馬無關。

*海馬　從側面看，形狀和海馬類似，因此有這樣的名稱。

◆記憶會消失的構造

在「短期記憶」的狀態下給予打擊，就會失去記憶。在剛發生意外

記憶的迴路

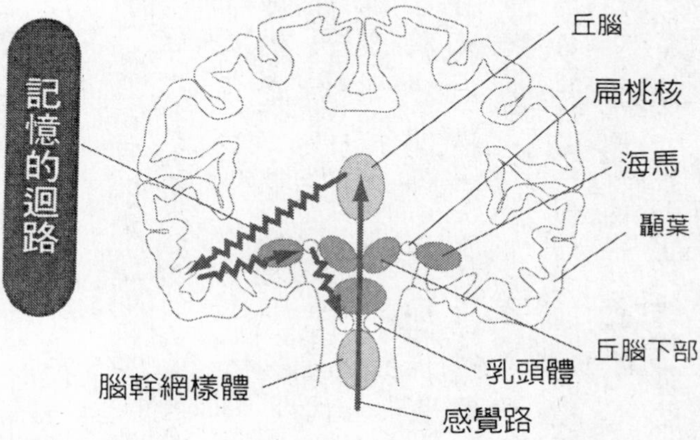

事故之後，就算要想起為何會發生意外事故，恐怕也無法正確的想出來，理由就在於此。此外，像遭受電擊或使用藥物等，也會出現這種現象。

暫時貯藏的「短期記憶」，會慢慢的以「長期記憶」的形態固定在腦中大腦皮質部分。但為了破壞重新建立的神經迴路或形成錯誤的記憶，因此，要給予強烈的印象來反覆記憶，藉此才能夠形成穩定的迴路。

此外，剛記憶之後，如果體驗到其他的事情，也容易忘記。根據實驗結果顯示，應該要立刻**取得睡眠**，不造成任何刺激，才容易記住。

***取得睡眠**　考試前一天臨時抱佛腳，但是不要徹夜未眠，應該集中精神在傍晚時分好好用功，然後睡一覺，這樣更有效。

7 似曾相識是如何發生的？

是預知能力還是錯覺呢？其構造是什麼？

◆愈是隨處可見的場所或情況，愈容易發生似曾相識的感覺

「雖然第一次來這個地方，但是感覺以前好像曾經來過。」或是「以前好像有過這樣的經驗。」「這個故事以前好像聽過了。」這種感覺稱為「似曾相識」。有人認為「可能是做夢時看到的吧？」「可能是預知能力喔！」不過現代的心理學則認為，這是與過去片段的記憶交織而成的**錯覺**。

小時候的記憶、電視節目的影像或雜誌的照片等，這些過去的訊息當中，有一些無法成為清楚的記憶保存下來，在我們腦內，蓄積了許多這樣的片段記憶。結果，當發現與片段記憶中類似的場所或經驗時，就會有這種「似曾相識」的體驗。當然，實際看到同樣的照片或影像時，也會出現這種感覺。

◆由於人類記憶的不正確性及願望所產生的錯覺

例如，小時候在遊樂場遊玩的記憶重新浮現，因此就算到了與以往完全無關但擁有類似景觀的遊樂場時，就會產生「好像曾經來過這

＊錯覺 當然也有一部分無法說明的事例……。

記憶含混不清就容易產生似曾相識的感覺

好像來過這裡
現在
雖然是在不同的遊樂場
数十年前

裡」的感覺，這就是個很好的例子。並沒有別具特色的地方，看起來都差不多。像遊樂場、公園、大樓林立的街道或寺廟等景致，都是一樣的感覺。此外，和朋友聊天提到這些地方時，也會有「似曾相識」的體驗。

但這些都不是明確的記憶，因此，就會想像過去似乎也曾經說過類似的話題。

這種「似曾相識」的感覺，表現出人類具有「記憶錯誤」的不正確性。不過佛洛伊德則認為，這是**人類被壓抑的願望**或無意識的幻想所產生的錯覺現象……。

＊**人類被壓抑的願望** 佛洛伊德最著名的學說就是進行夢解析，在進行夢解析時，就會立刻產生這種想法。

8

爲什麼孩子長得像父母？

為看似理所當然的事情找理由

有的人看起來好像雙胞胎一樣非常的相似。原因之一是遺傳，另一種是外表類似，還有一種是行動、動作、感情等部分類似。

如果從遺傳的角度來看，可以很簡單的解釋這個問題，亦即接受了父母的基因，臉形和體型看起來當然非常類似。像花、蔬菜或家畜的品種改良，要製造出**具有良好形質的品種**，就必須讓具有該形質的父母交配才行。

***具有良好形質的品種**
例如賽馬是為了一較輸贏，可是卻會提出「只是為了要創造出更優良的馬」等一些冠冕堂皇的大道理。

◆光靠遺傳不能決定一切

但是，遺傳並不能夠決定一切。像現在已經發現和脂肪細胞有關的「肥胖基因」，擁有這個基因的國人相當的多，但並不是全部都會肥胖。這個基因是因為黃種人在誕生地亞洲北部生活，必須藉著脂肪細胞貯存更多營養而獲得的性質（基因）。

即使擁有這個基因，可是看看自己的周圍，每個人的體型卻因為飲食生活的影響而有所不同。而肥胖成為嚴重問題的美國人，事實上只有一成的人擁有這種肥胖基因。關於肥胖，據說基因因素佔三成，

親子間遺傳的基本「孟德爾法則」

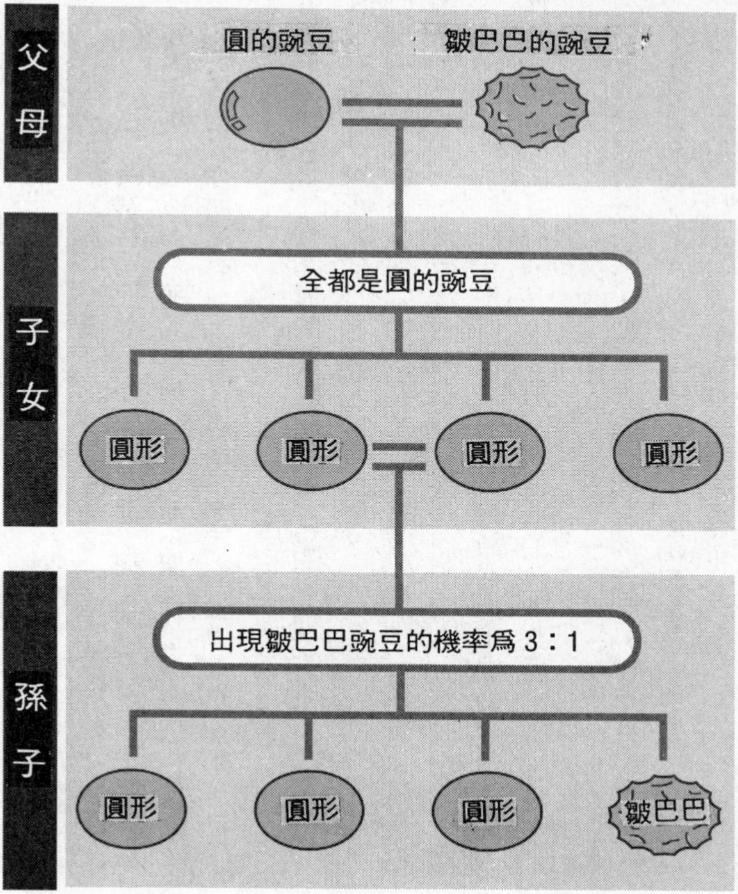

光靠遺傳無法決定基因的顯性、隱性。形質的優劣與基因的優劣完全無關。有時就算具有優秀的性質，也會形成隱性遺傳。

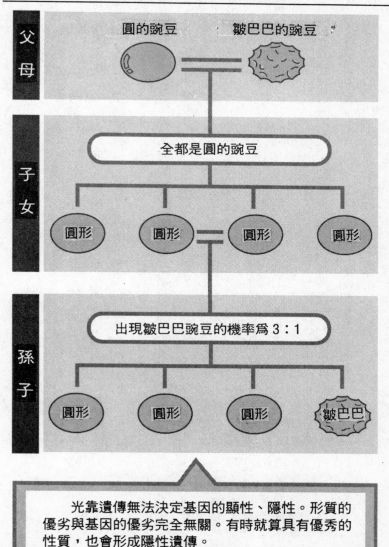

生活因素佔了七成。

此外，也有人研究「智商是否會遺傳」。調查各種家族歷，遺憾的是，似乎真的存在優秀的家族歷。像全家都是音樂家的巴哈、數學家的貝努里、因為進化論而著名的達爾文等家族都很有名。但是即使挾帶才能出生，若沒有合適的環境，則才能也不會被發現。相反的，看自己的父母兄弟而擁有「既然是遺傳也無可奈何」的消極想法，這才有問題。

◆俗諺「孩子是看著父母的背影而長大」的真理

另外，為什麼子女的行為會和父母類似？

這是因為**子女會模仿父母的行為**，跟著學習。心理學上稱其為「觀摩學習」。子女接受父母的教誨，模仿周遭的大人而成長，因此行為、遣詞用語當然會和長期在身邊的父母類似（不過最近也發現一些似乎與性格形成有關的基因，所以從遺傳的角度來看，似乎也有影響）。

父母在家裡訴諸暴力，則孩子也會成為暴力者。在這種家庭裡，父母成為負面教師，大人的行為不檢點，卻還想要孩子成為偉人，這根本是不可能的，這也是人類心理複雜之處。

＊子女會模仿父母的行為

虐待兒童的父母，幾乎自己都有被父母虐待的經驗。此外，厭食症是「不想像父母一樣成為大人」的心理作祟。

產生50名音樂家的巴哈一族

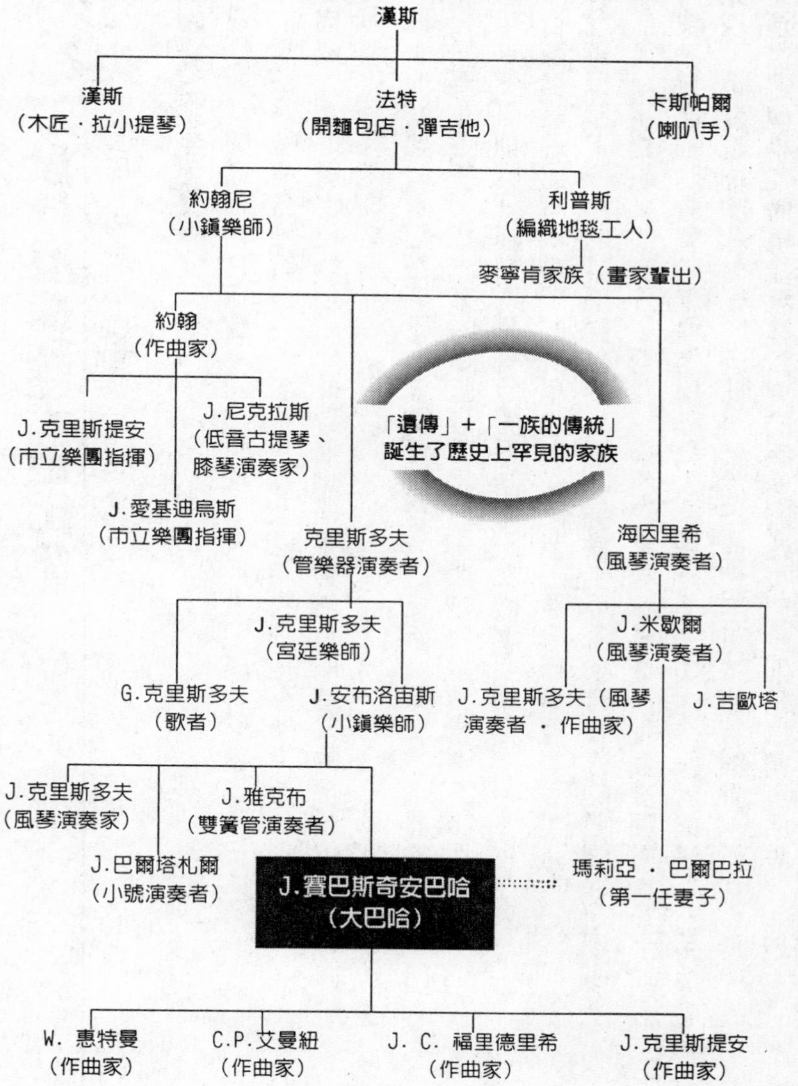
漢斯
漢斯
（木匠・拉小提琴）
法特
（開麵包店・彈吉他）
卡斯帕爾
（喇叭手）
約翰尼
（小鎮樂師）
利普斯
（編織地毯工人）
麥寧肯家族（畫家輩出）
約翰
（作曲家）
J.克里斯提安
（市立樂團指揮）
J.尼克拉斯
（低音古提琴、
膝琴演奏家）
「遺傳」＋「一族的傳統」
誕生了歷史上罕見的家族
J.愛基迪烏斯
（市立樂團指揮）
克里斯多夫
（管樂器演奏者）
海因里希
（風琴演奏者）
J.克里斯多夫
（宮廷樂師）
J.米歇爾
（風琴演奏者）
G.克里斯多夫
（歌者）
J.安布洛宙斯
（小鎮樂師）
J.克里斯多夫（風琴
演奏者・作曲家）
J.吉歐塔
J.克里斯多夫
（風琴演奏家）
J.雅克布
（雙簧管演奏者）
J.巴爾塔札爾
（小號演奏者）
J.賽巴斯奇安巴哈
（大巴哈）
瑪莉亞・巴爾巴拉
（第一任妻子）
W. 惠特曼
（作曲家）
C.P.艾曼紐
（作曲家）
J. C. 福里德里希
（作曲家）
J.克里斯提安
（作曲家）

為什麼會發生老化？

研究人類的願望「長生不老」

◆細胞分裂有回數票

我們所說的老化，有各種不同的想法。有把人類視為整體「年紀大」的想法，還有各細胞各自的老化，以及老廢物等積存所引起的變化等構成人類的各部位問題。此外，老化是年齡增長而造成的，所以成長與老化只有一紙之隔。

最大的問題就是細胞老化。細胞藉著分裂而更新，即使是老舊的細胞，只要有重新製造出來的細胞取而代之，則整個生物體應該都不會老化。然而細胞分裂到底是有時間限制還是次數限制呢？

目前已經確認有次數限制。不過，像阿米巴原蟲或草履蟲等光是分裂就可以留下子孫的**單細胞生物**，那就另當別論了。DNA的雙螺旋構造從兩端紮起來的部分，稱為「染色體尾端」，這裡就好像回數票一樣。每次細胞分裂時就會切斷一點，等到全部消失之後，就無法再分裂，也就是細胞死亡了。因此，雖然一般細胞可以複製細胞，但如果是從這個染色體尾端已經斷裂的狀態開始複製，則**只能夠與原先**

＊單細胞生物

單細胞生物會因外在因素而死亡，可是並沒有「壽命」。

細胞分裂的回數票

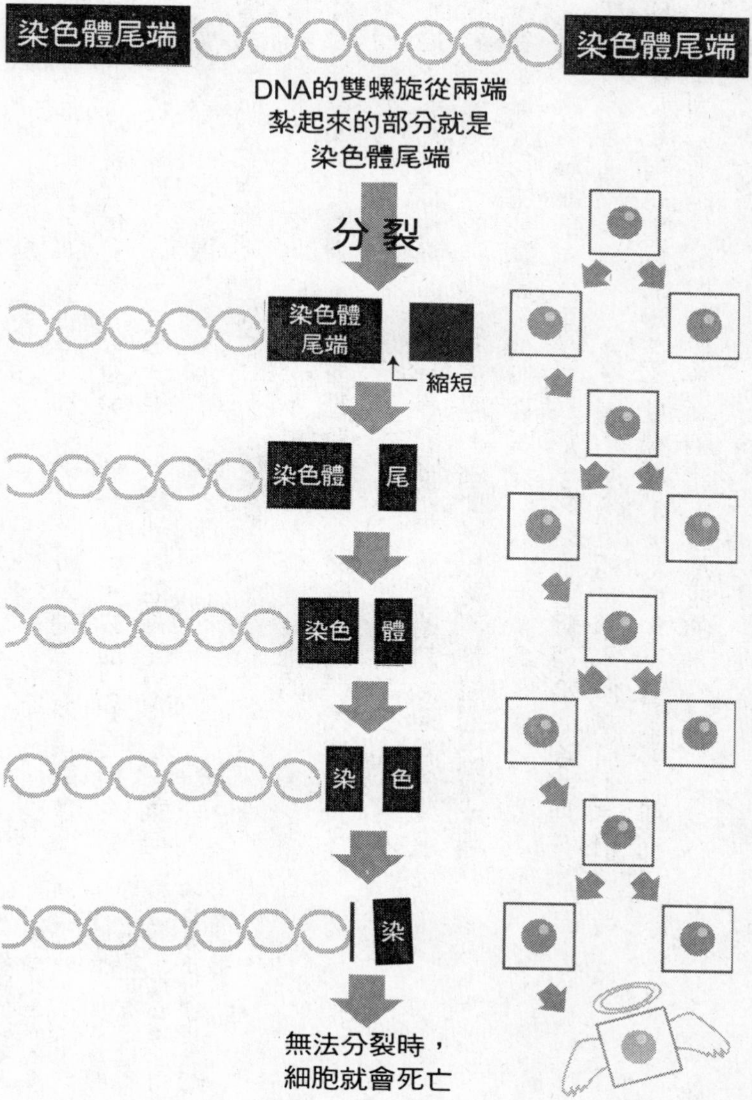
染色體尾端
染色體尾端
DNA的雙螺旋從兩端
紮起來的部分就是
染色體尾端
分裂
染色體
尾端
縮短
染色體
尾
染色
體
染
色
染
無法分裂時，
細胞就會死亡

生物存活相同的程度而已。事實上，目前已經確認，複製羊「桃莉」的染色體尾端從一開始就非常的短。

那麼，生殖細胞又如何呢？每次細胞分裂時，染色體尾端就會縮短，子孫的壽命會變得更短，最後發生種族滅亡。目前已知有能夠修復染色體尾端的酵素。像單細胞、生物、癌細胞能夠無限生殖，就是藉著這個酵素的作用所致。

*只能夠與原先生物存活相同的程度

因為比原先的生物更年輕，所以變成「早死」。例如想要利用複製技術進行不孕治療，就必須使用不會發生這種現象的生殖細胞。

◆不會再生的神經細胞的死亡

關於細胞死亡和老化的問題，不可以忘記神經細胞的死亡。在出生時就已經完成神經細胞，負責傳遞、建立網路突起，雖然會成長，但是不能夠分裂或再生。

不過，因為某種情況而使得神經細胞死亡時，則其旁邊處於休眠狀態的神經細胞會甦醒，取代其作用。因此，只要不是腦內出血或腦梗塞，就不會對記憶或運動造成阻礙。

此外，神經細胞的老化就是痴呆症。包括血管障礙導致細胞壞死所引起的腦血管性痴呆症，以及原因不明、可能是腦內傳遞質不良引起大腦變性及萎縮而出現的阿茲海默型痴呆症兩種。不管是哪一種痴呆症，其原因都不是年齡增加導致細胞死亡而造成的。

體細胞複製與生殖細胞複製

體細胞複製是從染色體尾端斷裂縮短的狀態製造出來的，因此細胞壽命與父母相同

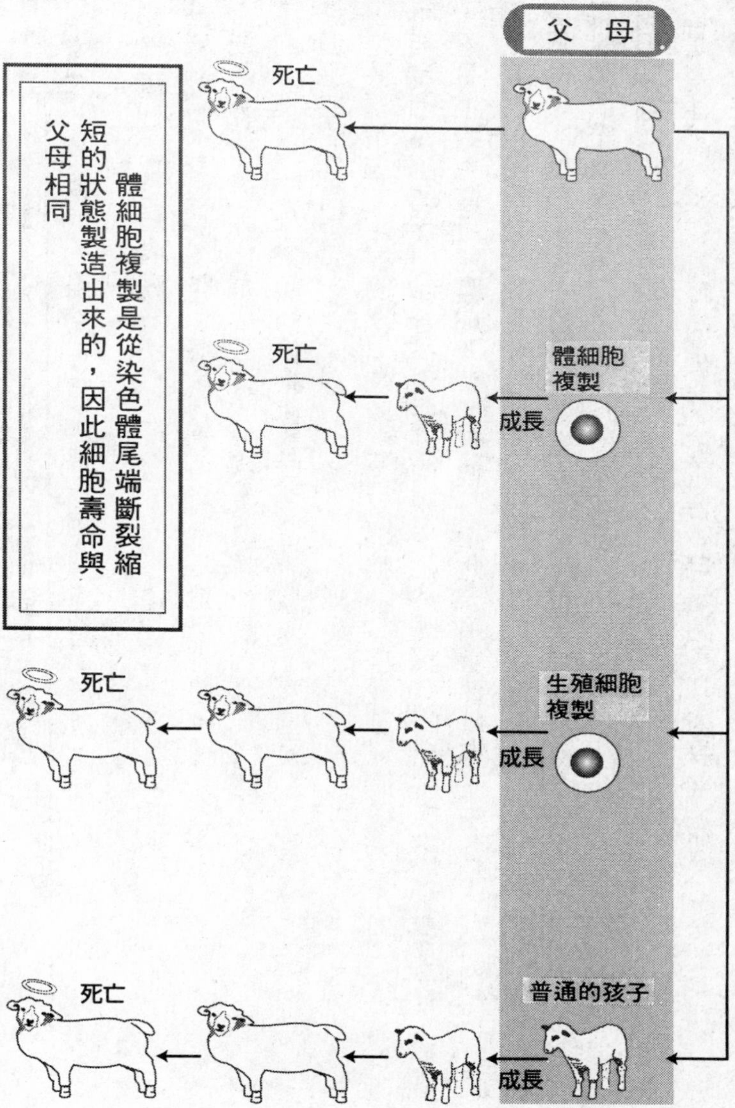

10

男與女決定性的差距在何處？

複雜的人際關係只是由一個基因的不同所造成的

◆X與Y兩個染色體展開一切

造成男與女差距的是染色體。人類有二十三對染色體，總共四十六條。成為男性或女性，是由X型的性染色體當中是否有一條為Y型來決定的。換言之，如果兩條性染色體為XY的形態，就是男性。這就是遺傳造成的性別差異。

但是，事情並非這麼簡單。在製造生殖細胞時，也就是製造精子時，可能會因為出錯而引起各種現象。例如，雖然應該有四十六條染色體，可是性染色體可能**變成XXY三條**，如此一來當然就會產生各種問題。身體的特徵會因為Y染色體而為男性。

簡單的說，就是Y染色體具有製造睪丸的作用。睪丸分泌出來的男性激素製造出男性來。

◆基因與性的神秘之處還有很多

但是事態更為複雜。雖然是XY的組合，可是如果基因異常，則可能會導致完全無法對男性激素產生反應，結果睪丸埋在體內，亦即

***變成三條** 細胞分裂不正常，不僅會引起性別的問題，還會引起各種疾病。

製造「男性」的Y染色體

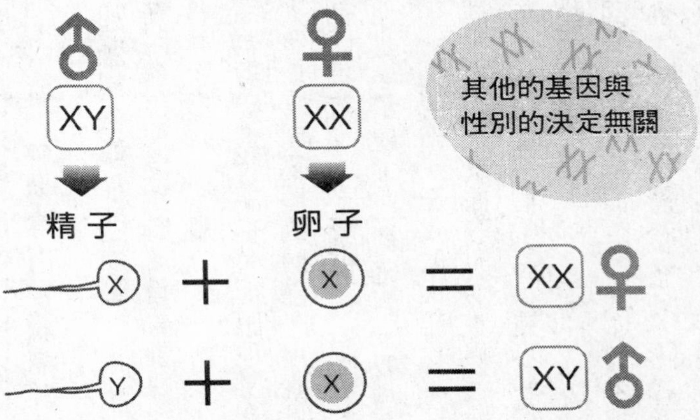

外觀看起來是女性。此外，父親的Y染色體中製造睪丸的基因，在巧合的狀態下，如果在製造精子時分裂出錯，上面有了X染色體，則子女承襲父母的基因時，在遺傳上為XX，是女性，但是外觀看起來卻完全像男性。

某種魚的養殖帶有卵的附加價值較高，因此，在幼魚階段就挑選雌魚，給予男性激素，使其在遺傳上擁有精子。

如果這種假的雄魚和普通的雌魚交配，則生下來的魚全都是雌魚。雄魚和雌魚應該會製造出男與女，然而卻有這種**意外的情況**發生。不過，人類在性的分化上比其他的生物更為進步。

***意外的情況** 魚類最容易出現這種意外的情況，所以成長時可能會發生性別的轉換，或是當魚群中已經沒有雄魚時，則殘存的最大雌魚中可能會在瞬間變成雄魚，這種例子也曾經出現。

11

為什麼會喝醉酒？

雖然會有酒精依賴症、宿醉，仍然無法停止喝酒的理由

◆引起酒精依賴症的原因

在討論這個問題時，首先要探討「為什麼要喝酒」，最大的動機就是「消除壓力」。關於這一點，在進行關於酒精依賴症的研究中，以主婦為對象進行調查，卻出現了令人耐人尋味的結果。住在大樓高層的人有更容易喝酒的傾向。可能是在只能隔窗遙望彼端風景的環境中生活，造成壓力，而誘發了喝酒的習慣。

但是，科學上已經確認，飲酒過量會使效果降低。每天喝酒的人，與一週喝二、三次的人相比，抗壓性更弱。此外，為了消除壓力而喝酒，如果不是採取與同伴聊天喝酒的社交形態，而是以「喝醉」為目的，獨自喝悶酒的話，更容易得酒精依賴症。

◆喝醉酒的構造

回到本題。「酒醉」是因為**大腦皮質**被酒精麻醉而造成的狀態。換言之，喝的酒被體內吸收，隨著血液循環到達腦，慢慢的麻醉了大腦皮質，結果使得具有高度作用的「理性」麻痺，再繼續醉下去就會

＊大腦皮質

分為兩個部分。表面的「大腦新皮質」是人類「理性」、「思考」等的根源，此處無法抵擋酒精。內側的「舊皮質」則掌管「情感」、「衝動」。酒精會使得新皮質麻痺而變得情緒化，理由就在於此。

醜態畢露。

喝醉酒的第二天令人難受的宿醉，則是因為大量飲酒導致脫水症狀，消耗熱量，出現低血糖的複合症狀而造成的。頭痛是腦出現脫水症狀所引起的，想吐是胃壁受損而引起了急性胃炎。此外，分解酒精時生成的乙醛殘留在體內，也會造成這種現象。

動物喝酒也會醉，無法以理性控制酒量。很多動物的體內並無分解酒精的酵素，因此容易得酒精依賴症。尤其像貓、狗、猴子，最好不要讓牠們喝酒。

酒精血中濃度與酩酊度		
1期	〇・〇五～〇・一〇%	微醺、去除壓抑、減少不安及緊張、活潑、臉發紅、反應時間延遲
2期	〇・一〇～〇・一五%	愛說話、感覺輕度麻痺、手指發抖、大膽、情緒不穩定
3期	〇・一五～〇・二五%	衝動性、想睡、平衡感覺麻痺（走路不穩等）、感覺鈍麻、複視、話說不清楚、理解、判斷能力障礙
4期	〇・二五～〇・三五%	運動機能麻痺（不能步行等）、臉色蒼白、噁心、嘔吐、昏睡
5期	〇・三五～〇・五〇%	昏睡、感覺麻痺、呼吸麻痺、死亡

12 何謂穴道？

東方人引以為傲的人體網路論

◆以西方醫學的觀點來看根本無法了解

提到健康問題，不可避免的就是「對〇〇有效的穴道」等話題。這是根據經驗得到的事實，雖然能以科學的方式來檢證其效果，但卻無法給予科學上的意義。

換言之，就算實際安裝了各種測定裝置、刺激穴道，在特定部位出現血流變化及**體溫變化**等情形，但是關於穴道與特定部位的關聯，以西方醫學的觀點來看，根本無法了解。

不過，也可以按照各種步驟，以科學的方式來加以分析。其中所發現的假設包括良導點、良導絡的想法。換言之，研究稱為穴道的部分為何具有容易通電的性質，結果將相當於穴道的部位視為良導點，而連結穴道相當於經絡的途徑則稱為良導絡。能夠發現穴道的簡便裝置已經上市，可以用來研究。此外，也從各種神經與穴道的關聯及體液的流通等角度來探討，確定對於治療難治疾病及提升自然治癒力等有效，現在歐美也在進行這方面的研究。

***體溫變化**　血管擴張，體溫就會上升，提高代謝，藉此會產生患部治癒的現象。當然也有相反的情況發生。

12經絡及其途徑

經絡名稱	途徑（※也有通過體內、不出現在表面的其他途徑）
①大陰肺經	肺↓肩膀↓手臂內側↓拇指
②陽明大腸經	食指↓手臂外側↓手肘↓肩膀↓頸部↓鼻子側面※
③陽明胃經	眼下↓口↓胸↓胃↓腹部↓腹股溝部↓腿的外側↓腳的食指
④大陰脾經	腳的拇趾↓腿的內側↓腹部↓脾臟↓胸
⑤少陰心經	心臟↓腋下↓手肘內側↓小指內側
⑥太陽小腸經	小指外側↓手肘↓肩膀↓臉頰↓耳※
⑦太陽膀胱經	眼的內側↓背部↓膀胱↓大腿↓腿的外側↓腳的小趾
⑧少陰腎經	腳的內側↓腿的外側↓腎臟↓腹部↓胸部
⑨厥陰心包經	心包（心膜）↓腋下↓手臂內側↓中指
⑩少陽三焦經	無名指↓手臂外側↓手肘↓肩膀↓耳朵周圍↓眉毛外端※
⑪少陽膽經	眼↓胸↓膽囊↓腰↓腿的外側↓腳的無名趾
⑫厥陰肝經	腳的拇趾↓腿的內側↓性器↓肝臟↓胸

透過以上所有的途徑，使得從胸出發的氣循環全身。

◆以經絡為根源的穴道的想法

中醫認為，穴道連接起來讓「氣」流通的途徑稱為「經絡」，與各臟器對應的幹線為六臟六腑，共有「經脈」十二條，相連的支線「絡脈」有十五條，還有不屬於其中任何一種的「奇經」八條，各自在所屬途徑上發揮作用的穴道相當的多。

中醫認為不是五臟六腑而是六臟六腑。六臟是指肺、脾、心、腎、肝，再加上心包，六腑是大腸、胃、小腸、膀胱、膽囊，加上三焦。心包是保護心臟的心膜，三焦是指上半身的水液代謝，是不具實態的概念臟器。

最近一些健康雜誌經常介紹把手或腳視為人體縮影的刺激法，稱為「反射區療法」，與穴道概念完全不同。有一陣子非常流行的「減肥貼布」，就是從這個治療法產生的。這個治療法是根據**經驗法則**，把身體的各部位與手腳對照，並不具有經絡這種類似學問的思想。

但是，穴道師的手指碰觸到生病處，亦即感覺**疼痛**的地方，就是穴道或反射區。在這方面兩者的想法是一致的。

＊經驗法則

目前已知與穴道具有同樣的效果。

＊疼痛

如果由外行人進行，則疼痛指壓會造成反效果，所以僅止於接受治療者感覺舒適的強度即可。

腳、反射區及其想法

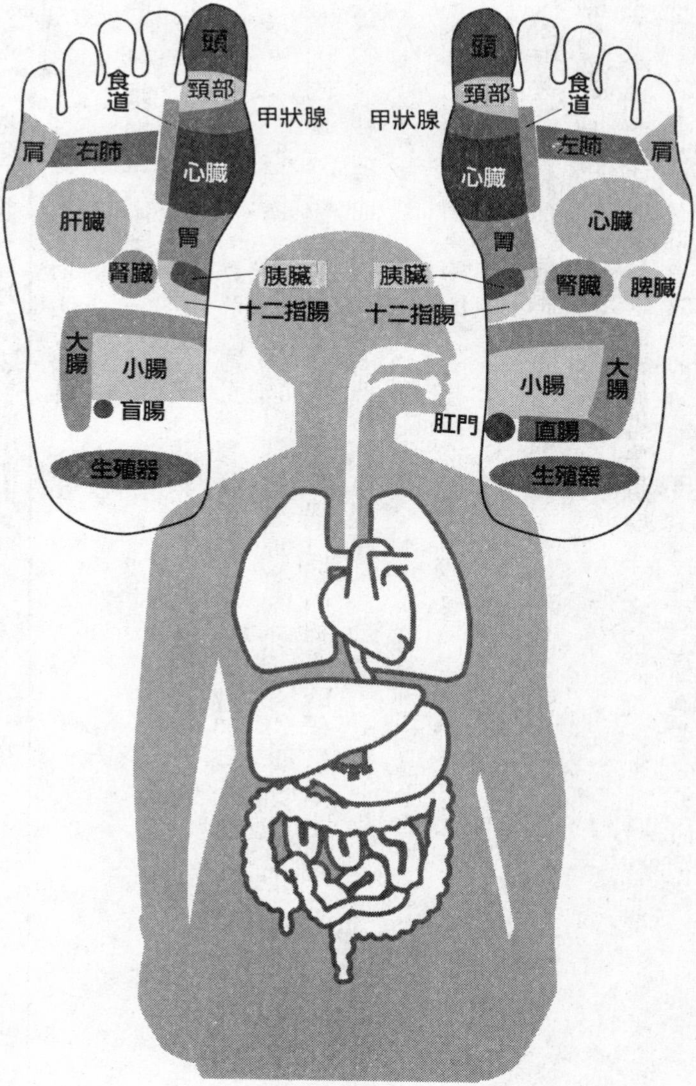
頭
頸部
食道
甲狀腺
肩
右肺
心臟
肝臟
胃
腎臟
胰臟
十二指腸
大腸
小腸
盲腸
生殖器
頭
頸部
食道
甲狀腺
左肺
肩
心臟
心臟
胃
胰臟
腎臟
脾臟
十二指腸
小腸
大腸
肛門
直腸
生殖器

13 為何會產生花粉症？

令人煩惱的強力過敏的真相

◆基因、體調與環境因素

過敏當中，最為人所關心的就是「花粉症」。春天的杉木花粉、接下來的檜木花粉，還有秋天的**高起泡草**花粉等，造成過敏的原因植物有很多。過敏的原因，在於原因物質（過敏原），不過，基本上也有過敏基因的存在。因此不管是誰，如果在有原因物質的環境中生活，則導致身體變異而出現過敏的機率將會提高。

問題在於改變身體狀態的是什麼呢？以杉木花粉症為例，甚至有人說是柴油引擎排放廢氣中所含的微粒子造成的影響。在山間村落杉木圍繞的環境中生活的人，並不會得杉木花粉症，而住在大型卡車流竄的國道附近的居民卻會罹患花粉症，因此才有這樣的想法。

＊**高起泡草** 是一種歸化植物，在造成地等的荒地較多。七〇年代，因為這個花粉而引發氣喘，當時成為話題。

◆過剩免疫反應也是犯人之一嗎？

免疫系統的研究者認為人體對於寄生蟲產生了免疫系統，但在寄生蟲被消滅之後，體內開始混亂，結果出現了過敏症這種過剩免疫反應。此外，超越了人體所能處理的容許量，就會成為過敏而出現。但

過敏發生的構造

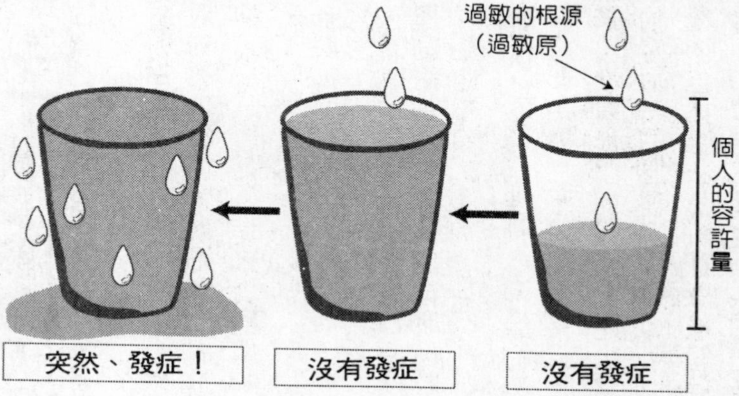

是這個容許量卻因為環境惡化而逐漸減少。

不管原因為何，一旦出現過敏，則除了抑制症狀之外，沒有其他的處理方法。在一生當中，可能會出現好幾次，但不必過於擔心。有的人甚至只要一走近開花前的杉木林，或光是看杉木林的照片，就會打噴嚏、流鼻水，這就是心理因素作祟。

不過，看到電視上甚至連「山中的猴子都得花粉症」的打噴嚏畫面，事實上那是在灰塵滿天飛的地方。即使不是因為花粉症，在山色轉黃時進入花粉中，就會打噴嚏、流鼻水。像這樣，因為超過容許量而得花粉症的人，在杉木花粉飛散的季節一定要注意。

14

火災時蠢力的構造

被當成笑話的腦與肌肉的神奇關係

◆運動選手能夠蓄意的產生火災時的蠢力嗎？

看到火災發生，嚇得奪門而出，連平常抬不起來的東西，都能夠瞬間抱起來，這就是「火災現場的蠢力」。但是，這種事情真的會發生嗎？

通常，人就算想要使出全力，但是，為了避免肌肉拉傷，也會採取安全措施，不會發揮百分之百的力量。亦即腦在無意識中會踩剎車。運動選手經由訓練鍛鍊肌肉時，可以藉此去除層層的安全措施，不會損傷肌肉。

◆一般人能夠發揮超人力量的瞬間

普通人如果注意到與運動肌肉完全無關的部分，則壓抑肌肉的神經就無法發揮作用，甚至會產生到達安全界限的力量，這就是「火災現場的蠢力」的原理。因此，可以搬起平常搬不動的東西，一下子就往外衝。但如果故意去扛保險箱等必要的東西，這時由於神經正常發揮作用，所以無法產生強大的力量，把東西扛走。可是當壓抑肌肉的

在陷入恐慌狀態時產生的「火災現場的蠢力」

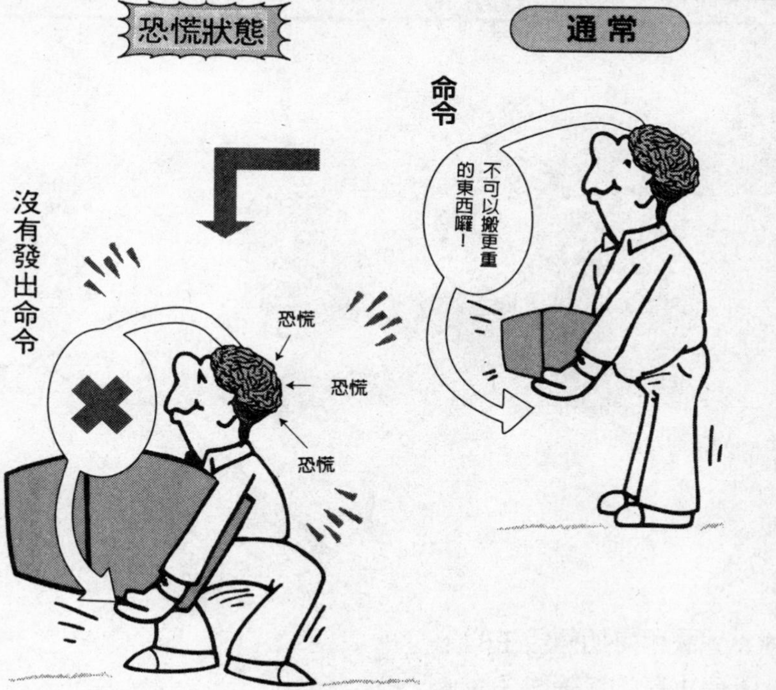

神經無法發揮作用時，就會扛下一些根本毫無意義的東西。

運動選手在需要爆發力時會大叫一聲，藉此去除腦控制肌肉運動的力量，讓肌肉使出全力來。

★鬼壓床是如何發生的？
★鬼火真的是等離子體嗎？
★氣功的神秘
★永久機械可能實現嗎？
★何謂臨死體驗？
★血型性格診斷真的準嗎？
★「預感」真的存在嗎？
★風水有科學根據嗎？
★為什麼舞蹈竿很準呢？

PART 6

眞實還是謊言？神奇的科學之謎

不要只是一味的加以否定，也許這是迎向未來的超科學、超技術的入口

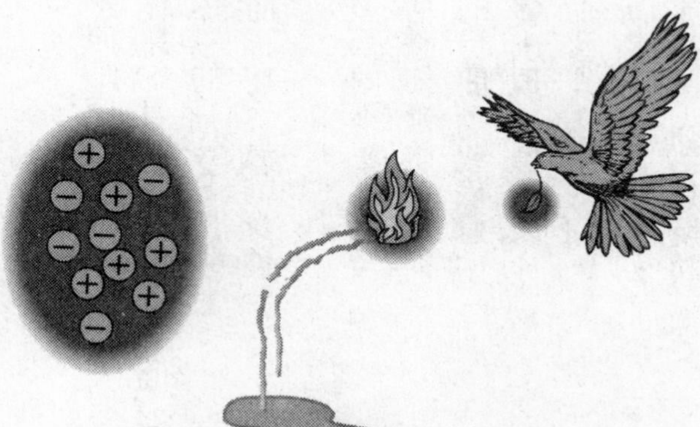

鬼壓床是如何產生的？

以生理學的方式來解析恐怖體驗

◆睡眠構造引起的鬼壓床現象

如果從心靈現象根本不存在的立場來看，「鬼壓床」應該是睡眠構造所產生的現象。大家都知道，**睡眠狀態**分為腦休息、身體清醒時的「深眠（非REM睡眠）」，以及腦活動、身體休息的「REM睡眠」兩種。處於「REM睡眠」時，腦是清醒的，而正在休息的身體無法活動，所以造成「鬼壓床」現象。

但照理說，除非是進入某種程度的深眠狀態後，否則不會出現淺眠（REM睡眠）。可是剛睡時，則可能會出現包括恐怖體驗在內的鬼壓床現象。尤其是在一些傳說中曾經有幽靈出現的房間，或旅途中因為過度疲勞，或是就寢時間比平常延後許多，也會出現這種現象。亦即在不安或緊張狀態下睡覺，就會形成「sleep・onset・REM」的狀態，在入眠時會產生特殊REM睡眠。在這個狀態下所產生的幻覺，稱為「入眠時幻覺」。在此狀態下出現的幻覺或夢，大都是反映心理不安的恐怖體驗，會和心靈現象相結合。

＊睡眠狀態
參照一五八頁。

睡眠規律為 90 分鐘

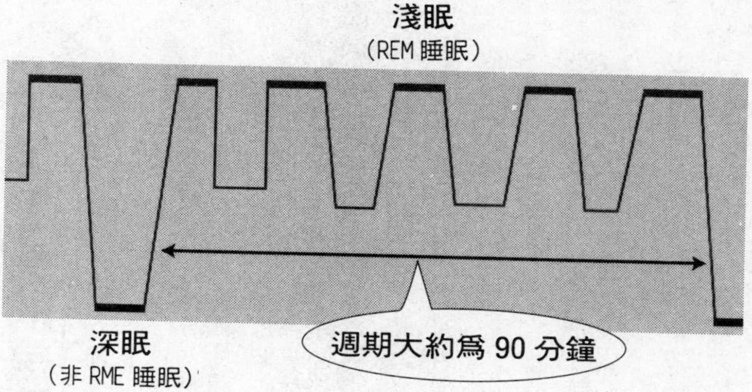

◆睡眠狀態時的墜落、絆倒也是「小型鬼壓床」現象

大家應該都有這樣的經驗，在睡覺時有墜落的感覺、身體突然抽筋，或是突然出現好像絆倒一般的衝擊。這是因為腦的抑制消失，一部分的肌肉出現暫時性的攣縮（肌肉只會出現一次急劇的收縮放鬆）。

這種墜落感覺，是因為肌肉的一部分不自然拉扯而引起的，而腦認識到身體的平衡混亂，因此會自覺到這種神奇的感覺。在疲勞積存時容易發生這種現象，這是非常普通的生理現象。

雖然進行科學的分析，但事實上還是完全不了解這種現象。難道這真的是靈在作祟嗎……？

鬼火真的是等離子體嗎？

這是現在國人都知道的「常識」，但是……

◆從「鬼魂」到科學現象

以前鬼火被視為鬼魂，據說是人類的靈魂。但是科學研究提出一些假設，並且加以檢證。第一個假設是說，那是人體內的磷燃燒造成的。以前是土葬，也許會有這種情況發生，不過現在幾乎都是火葬，磷都燒掉了，照理說不應該會再出現這種情況。其次是「球電」說。亦即像是一種球狀的閃電，和普通的閃電不一樣，會不斷的盤旋，甚至在打雷的同時會進入住宅內，不過發生條件有限。

第三種說法是發光細菌說。夜行性的鳥或蝙蝠帶走了會發光的細菌或菌類附著的東西而出現這種情況。江戶時期的妖怪圖譜，畫著在火中像鳥一般的**妖怪**。但是，沒有任何確切的證據可以說明這一切。而且發光細菌分布也不多。

◆事實上並沒有能夠解析實際物體的人！

直到二十年前為止，最有力的說法是沼氣說。也就是發生於水池或臭水溝的甲烷氣（沼氣）。飄浮在冷暖空氣的交界處，形成棒狀，

＊**妖怪**　在怪談的世界中，認為這種不具燃燒物體力量的火是「陰火」，而相反的，能夠使普通物體燃燒的火則稱為「陽火」。

何謂鬼火？

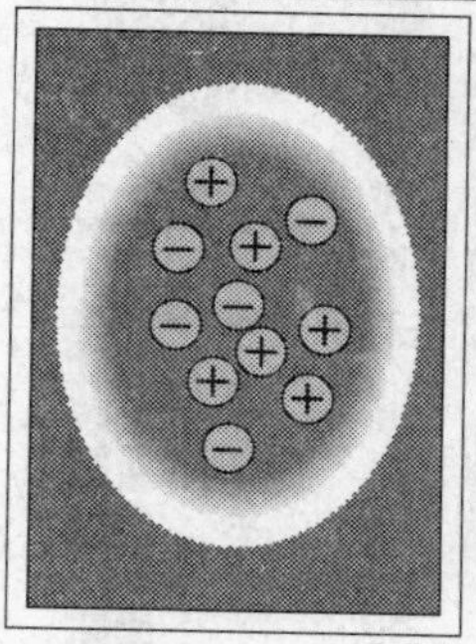

等離子體

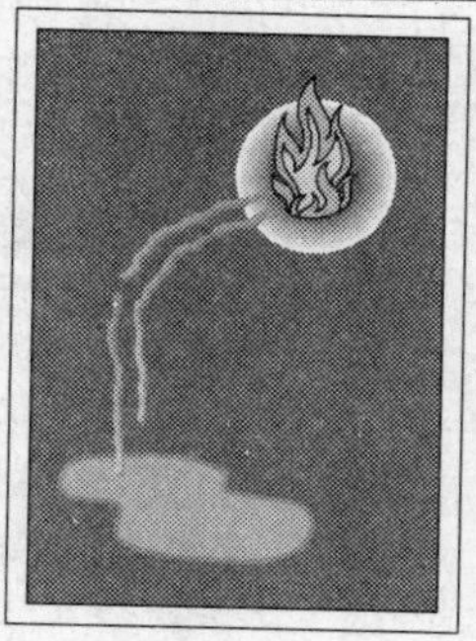

沼　氣

發光細菌

一旦碰到火時，就像導火線一樣產生了火。進行這個實驗，發現目擊鬼火的條件為「悶熱無風的夜晚」，這的確是適合產生沼氣製的火球的條件。像**寺廟的水池**所產生的沼氣瀰漫在墓地，這也沒什麼奇怪的。所以的確是有力的說法。

　但是早稻田大學的大槻教授所提出的「等離子體說」，推翻了沼氣說。等離子體是「原子的原子核和電子分散、流竄所形成的氣狀高能量體」。大槻教授的研究團體，利用實驗產生等離子體，確認的確會像鬼火一樣的到處飛竄。甚至可以通過玻璃等，鑽入大門深鎖的住宅內。

　但是並沒有人真的抓到鬼火來做實驗，加以觀測。

＊寺廟的水池
　在有機物腐爛時才會出現沼氣。雖然無臭，但是發生場所則會瀰漫惡臭。此外，池底的淤泥等也會產生沼氣。

3 氣功的神秘

在氣功旋風中資訊的虛實

◆事實上我們所說的「氣功」有很多種

「氣」掀起了旋風，但是，幾乎無法用科學方式加以解釋。「氣」或「氣功」的種類很多，例如藉著練「氣」得到健康、向外部放射「氣」以進行治療，或是像硬氣功等可以培養超人力量的武道等。其中也有詐騙手法，或是經由**暗示造成的**，目前並沒有進行更深入的研究。

可以當成健康法來練習。在冥想狀態下練「氣」的「內功」，是藉著意識的力量讓「氣」循環體內，能夠提升力量。感覺上就好像蟲在身上爬似的，或是自覺到有東西在移動，關於這一點，可能是身體平常沒有使用的肌肉開始慢慢活動，或是體液的流通等，無法以科學方式加以解釋。

此外，在武道方面有很多的詐騙技巧，不過當然也有真正的武道。最獨特的就是李小龍的「寸勁」。也就是伸出手臂，在碰到對方身體的狀態下突然產生爆發力，用力攻向對方的技巧。以科學方式測

＊暗示造成的
外行人如果聽別人說這位大師氣功高強，心中有先入為主的觀念，則在對方自己施展氣功時，就會產生效果。因此有的人否定所有的氣功……。

練「氣」的冥想「內功」

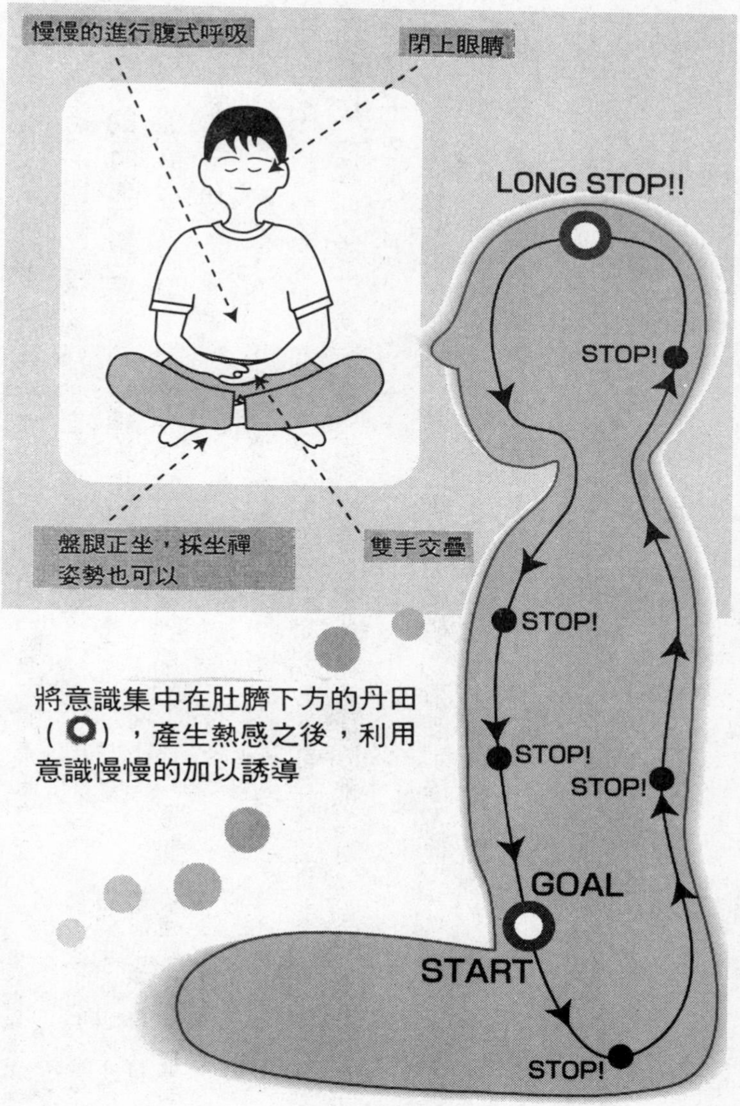

慢慢的進行腹式呼吸
閉上眼睛
盤腿正坐，採坐禪姿勢也可以
雙手交疊
LONG STOP!!
STOP!
STOP!
STOP!
STOP!
STOP!
GOAL
START
將意識集中在肚臍下方的丹田（O），產生熱感之後，利用意識慢慢的加以誘導

定這種武道系統氣功的真髓，結果是在伸直手臂的狀態下進行某種身體接觸。但是力量的傳達，也具有從腳到手臂的「氣」的流通的概念。否則就沒有助跑力去碰觸對方，而不可能會產生這麼大的力量。

◆氣功治療的研究已經進展到何種地步？

現在氣功治療備受矚目。一般的疾病，從受傷到癌症，甚至愛滋病，都能夠藉由氣功產生效果。

不光是中國、日本，在歐美也備受矚目。但是，氣功師的手上到底發出了什麼，目前還沒有人知道。根據觀測資料顯示，可能是遠紅外線或超音波（低周波），甚至會發出微光等，當然也有什麼都沒有觀測到的例子。

此外，還有暗示說，亦即沒有氣功經驗的人模仿武術師，學習他的動作，練習的人也會做出相同的動作。目前已知，真正的氣功師在這類實驗中能夠傳送氣，甚至連施術者和被施術者的腦波波形都變得完全相同。

換言之，從氣功師的手上的確傳來了一些「訊息」，而接收到這些訊息的人，確實會產生一些治療變化。雖然還不明白其構造，可是在醫療現場已經加以利用了。

＊「氣」的流通
氣的健康法最著名的就是「太極拳」，因為有「拳」這個字，所以原本是屬於武道。打拳時，各種動作都要意識到氣的流通。

寸勁的秘密

寸勁的原理
①
從足、腰、軀幹
發出能量
②
重心與手臂成一直線
傳送能量

空手道和寸勁的不同！

空手道
①
收手臂
②
衝刺
（雖然迅速，但是運動能量小）
寸　勁
①
維持原先的姿勢
②
用全身衝撞
（運動能量大）

4 永久機械能夠實現嗎？

「人類的夢想」真的是「夢想」嗎？

◆能量保存法則開了一個「大洞」

過去曾有許多人向發明永久機械挑戰，不過，因為違反基本的物理法則，因此，被視為不可能製做出這種機械來。這個基本的物理法則「能量保存法則」，是原本打算建造永久機械的梅雅所提出的經驗法則，後來海姆霍爾茲加以擴大解釋，所以，有很多人想要研發出在宇宙中並不普及的永久機械。當時（一八〇〇年代）的永久機械，並不是利用電的裝置，只不過是勉強產生了熱機械而已。一些保存法則否定論者則認為這是「不科學」的做法。而現代科學也的確不存在著永久機械。

◆未知能量的存在與能量流入機械

但是擬似的永久機械，換言之，導入「現代科學未知的能量」，應該就可以製造出即使不給予能量也能夠永久運作的機械。

提到這個話題，必須提到的人物就是中松博士。他所發明的「宇宙能量機械」，就是這種機械。為了愛因斯坦所提出的遍布宇宙的未

最初步的永久運動機械

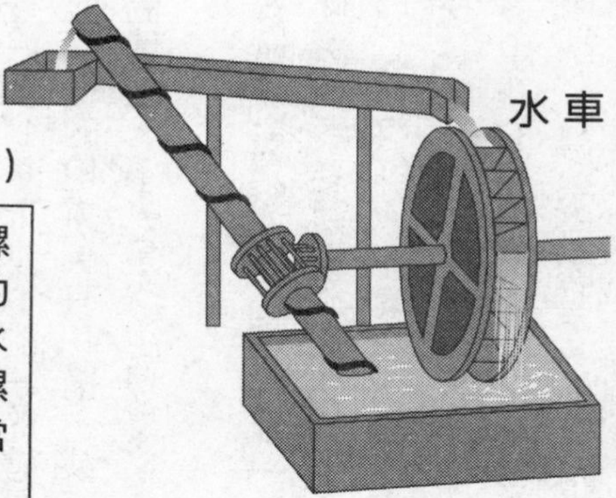

「阿基米德的螺旋」，是讓不斷旋轉的水車成爲動力源，而水車動力源則是由「螺旋」所打上來的水。當然這是不可能實現的。

知物質**否定「乙太」的存在**，他進行了實驗，想以現代的精密測定器加以檢證。這時，在愛因斯坦所捨棄的誤差範圍內的部分，發現無誤差的「宇宙能量的流通」，而且打算製造出藉此活動的機械。

此外，**尼可拉·提斯拉**所發明的「提斯拉線圈」，也可以觀測到現代科學無法說明的能量流入的現象。

的確，如果使用現代精密測定儀器，也許可以發現以往所「沒有」的部分的各種能量，但是現在還不能稱其為永久機械。

＊否定「乙太」的存在 因此才會出現「特殊相對論」。

＊尼可拉·提斯拉 交流電的推進者，也是遙控、無線通信的生父。認為利用無線的方式，能夠進行世界性的能量傳送，被視為是太過空幻的夢想。甚至有些科學家認為提斯拉線圈的異常現象，根本就是「不可能發生的事情」。真是令人惋惜。

5 何謂臨死體驗？

是實際存在、幻覺還是生理現象？

◆看到「死後世界」的人

面對死亡又重新活過來的人的體驗，稱為「臨死體驗」。亦即「從上面俯看躺在床上的自己和周圍的人」這種體外脫離體驗，或是「感覺好像到了天堂似的」的體驗。根據報告，後者會有通過隧道或像河流一樣的地方，有花園，甚至會遇到神或已經死去的親朋好友等**共通的體驗**。不光是腦生理學家，甚至連宗教家等也在討論研究這個問題。

◆由於腦的電氣刺激而形成「臨死體驗」嗎？

腦的顳葉受到電氣刺激，也會出現同樣的體驗（幻覺），這是加拿大腦外科醫師朋菲爾德所做的實驗。在死亡的瞬間，腦中是否需要出現這種幻覺的構造，令人感到懷疑。而在體外脫離體驗時，除非有過體外脫離的經驗，否則根本就不知道到底發生了什麼事情。

當然，體驗者的宗教意識也會產生許多作用。像中國人有渡過「奈何橋」的說法，歐美人則有「穿過隧道」的說法，基督教信徒會

＊共通的體驗
自殺未遂的人之間會有共通的臨死體驗。幾乎大部分的臨死體驗都不是和平的體驗，而是恐怖的體驗。

臨死體驗的代表例

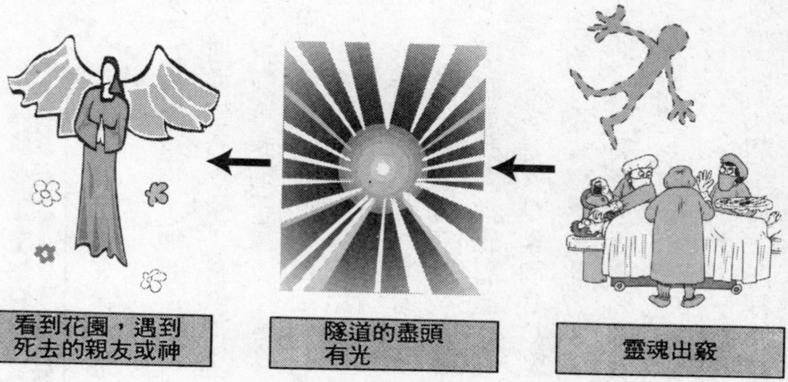

認為自己遇到神（基督），佛教信徒則會說「看到阿彌陀佛」等。

◆臨死體驗所具有的真正意義

現在的科學根本無法說明這到底是幻覺還是實際發生的事情。像前述進行實驗的朋菲爾德，也無法光靠腦來說明人類的精神活動。

對我們而言，最重要的問題是，即使能夠以科學方式解析這些體驗，但是，是否真的就表示有死後的世界呢？我們無法加以證明。

有過這些體驗的人，甚至人生觀、宗教觀都會改變，抱持更積極的生存態度。

血型性格診斷真的很準嗎？

否定的科學家VS相信的大眾，指揮權掌握在誰的手中呢？

◆科學已加以否定，但是……

關於血型性格診斷，科學抱持否定的態度。在戰前的日本利用這個方法來判斷軍隊的特質，不過樣本數較少，並不能當做統計學的資料。併用各種性格診斷，還是有不準的情況發生。事實上，任何人都能夠巧妙的符合四種不同的性格，其準確度的確令人懷疑。

但是，除了這類的心理學、統計學之外，事實上還有很多其他非科學的否定論。「只分為四種形態未來太少了。」「除了顯示ABO型之外，應該還有各種確認血型的方式，為什麼不使用呢？」「以基因型來看，應該有AO型和BO型。」或是「血型性格診斷只有日本才有，在國外不會以這樣的方式來診斷性格。」……

例如，為什麼否定四種形態的區分方式就是非科學的做法呢？心理學家的常識是『克雷奇馬的類型論』，其中只分了「躁鬱性格」、「分裂性格」、「執著性格」三項，每種性格又搭配了「肥胖型」、「消瘦型」、「鬥士型」三種體型（事實上，並沒有學者、醫師以這

*AO型和BO型
O型基因是隱性遺傳，因此從父方或母方得到A，而從另一方得到O型的基因時，血型就是A型。B型也是一樣的情況。

血型和基因型

A、B 與 O 三種等位基因，

A、B 是顯性基因，O則是隱性基因

母＼父		A型				B型				AB型		O型	
		A	A	A	O	B	B	B	O	A	B	O	O
A型	A	A	A	A	A	AB	AB	AB	A	A	AB	A	A
	A	A	A	A	A	AB	AB	AB	A	A	AB	A	A
	A	A	A	A	A	AB	AB	AB	A	A	AB	A	A
	O	A	A	A	O	B	B	B	O	A	B	O	O
B型	B	AB	AB	AB	B	B	B	B	B	AB	B	B	B
	B	AB	AB	AB	B	B	B	B	B	AB	B	B	B
	B	AB	AB	AB	B	B	B	B	B	AB	B	B	B
	O	A	A	A	O	B	B	B	O	A	B	O	O
AB型	A	A	A	A	A	AB	AB	AB	A	A	AB	A	A
	B	AB	AB	AB	B	B	B	B	B	AB	B	B	B
O型	O	A	A	A	O	B	B	B	O	A	B	O	O
	O	A	A	A	O	B	B	B	O	A	B	O	O

組合等位基因的父母的血型

子女的血型

種方式來判斷性格）。雨果的「向性分類」，則只有「內向型」、「外向型」兩種而已。

由此可知，依用途的不同，性格分類也有不同的區分方式，所以不能說只有四種就是錯的、不能夠用來進行判斷。現在日本的心理學家用來分析性格的形態有十二種。

◆血型決定因子也會分布在血液以外的地方

ABO型血型的決定物質也會分布在血液以外的地方，例如在腦中也有，所以有的研究者認為「也許在腦中會發生性格決定因子的作用吧」。此外，有的人也會拿血型來研究禿頭。例如，全禿的是O型，頭頂殘留少許頭髮的以B型較多，不容易禿頭的是AB型，會留下一些毛髮、周圍有頭髮殘留、看起來比較骯髒的禿頭方式則屬於A型……。如果這是事實，那麼了解到決定性格因子還具有其他作用，這也沒什麼奇怪的。

此外，關於特定職業，也有血型的分布研究。像演藝人員，尤其是受歡迎的女性偶像**大多是B型**。當然，不是只有否定的人，積極研究的學者也出現了，所以將會有新的發現。

＊大多是B型
但是像電影和連續劇中的女主角，過了一年就被遺忘的人大多是A型，所以實在很難以『偶像年鑑』來加以統計。感興趣的人可以自己嘗試一下。

利用血型進行心理學分類的例子

心理學書上一定會有的

「克雷奇馬的類型論」

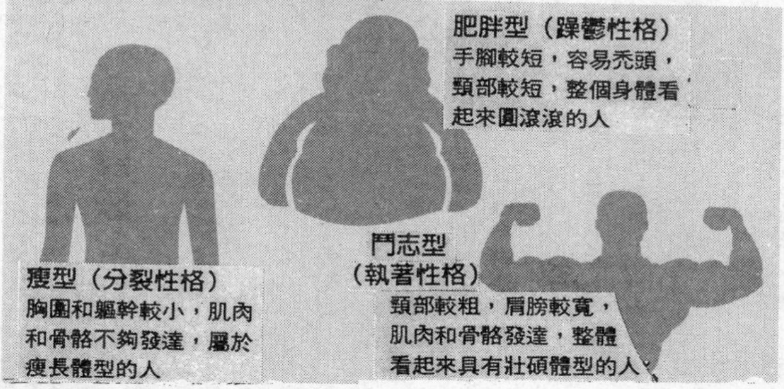
肥胖型（躁鬱性格）
手腳較短，容易禿頭，頸部較短，整個身體看起來圓滾滾的人
鬥志型（執著性格）
頸部較粗，肩膀較寬，肌肉和骨骼發達，整體看起來具有壯碩體型的人
瘦型（分裂性格）
胸圍和軀幹較小，肌肉和骨骼不夠發達，屬於瘦長體型的人

大致分爲二類

雨果的向性分類

	內向型	外向型
人際關係	●封閉在自己的殼中 ●無法在他人面前工作	●富於社交性，交際範圍廣闊 ●喜歡照顧別人 ●有別人在身邊時工作較順
行動力	●沈默寡言，欠缺融通性 ●忍耐力極強 ●小心謹慎，思慮深沈	●具有行動性 ●忽冷忽熱 ●有自信
情　感	●感受性極強 ●不會把自己表現出來 ●能夠控制情感	●活潑，沒有自卑感 ●有幽默感 ●能夠豐富的表現情感
領導力	●大都會感覺迷惘 ●欠缺實行力 ●無法以柔軟的態度來應對周圍的變化	●決斷迅速 ●具有統率力 ●關心周圍的變化，注意與周圍的協調

7 「預感」真的存在嗎？

大家都有的「超能力體驗」

◆心理學家也無法否定的神奇體驗

提到超能力，一般都會被大家否定或質疑。但是令人感到意外的是，一些「預感」無法否定。可能是在與患者的交流經驗上，感覺無法否定吧！或者原因出在自己也有這方面的經驗。

有個著名的故事是，一名女性感覺到帆船賽中遇難的丈夫會回來，直到接到他平安無事的消息為止，都對此事深信不疑。另外像青函聯絡船洞爺丸號的船難、YS11「萬代號」的墜機，還有西日本大飯店火災等三大災難，有的人因為沒有搭上船或飛機而把票讓給別人，或因為熬夜打麻將等小事而逃過一劫。

不僅對人類而言是如此，一九五七年，南極觀測隊因為天氣惡劣，不得已只好把用來拉雪橇的犬留在當地。歸國後舉行慰靈祭。當時負責處理雪橇犬的人想不起兩頭犬的名字，叫不出牠們的名字來。這兩頭犬在隔年被發現，**奇蹟似的生還**，也就是太郎和二郎。只不過是單純的想不起名字而已，難道這也是一種「預感」嗎？

＊奇蹟似的生還 當然沒有食物，只能夠威脅來到身邊的海豹，吃牠們在驚嚇之餘排泄的糞便中未消化的魚貝類。

關於「預感」是無法了解的

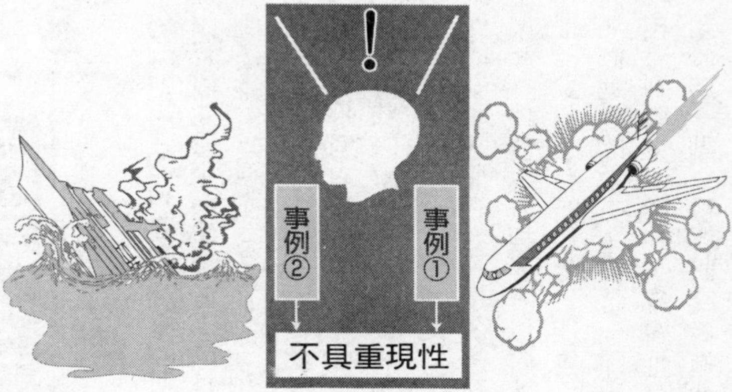

◆不具重現性、不適合用來研究

心理學家雨果提出「同步性（共時性）」的看法，認為巧合的事情是「偶然的一致」。關於這類的例子非常多。

比較著名的故事是，在美國內布拉斯加州，十五名教會的聖歌隊員因為一些原因而遲到，結果逃過鍋爐爆炸的意外事故。很少會遲到的這群人，竟然都逃過了一劫。

但是，這類的事例不可能有重現性，所以無法加以研究分析。研究者也只能收集一些事實或體驗談，推測「可能會有這樣的情況發生」，真是令人遺憾。

8

何謂有機能量？

是神奇科學的核心，還是有其他解釋？

◆從宗教到科學的角度討論生命能量

提出有機能量生命能量概念的是威爾海姆·萊西這位研究家。為什麼不說他是科學家呢？因為他是研究精神分析而著名的佛洛伊德的弟子。由於和老師的意見對立，所以被學會除名。後來埋首於醫學、生物學的研究，是擁有有機理論經歷的人。

他比較特殊之處，就是將只能夠用宗教語言來表示的生命能量，以科技的方式來表示。

萊西的發明中最著名的是，連愛因斯坦也承認有效的有機轉換器。這是金屬和有機體（木板等）以層狀重疊製造出來的箱子。進入裡面之後，在裡面聚集了有機能量，能夠迅速治癒傷口或疾病。裡面應該是密閉、光無法進入的地方，但是，卻出現蒼白發光現象，甚至在裡面兩人可以互相看到對方。此外，皮膚也有痛癢的刺激感，甚至非常溫暖，會發汗。關於這一點，很多研究者進行追加實驗，**確認**了這個事實。

＊確認　但是並沒有認真加以討論或進行國家性的研究。

◆到底是瘋狂科學家還是天才革命兒

另一方面，他也研究當有機物不活絡時的「致死性有機物（DOR）」。為了消除對這個人而言不適合的能量，於是他製造出各種裝置。包括控制氣象裝置「cloud-buster」、「醫療用DOR裝置」等，而且還進行了想要利用有機物中和放射性物質的實驗，結果完全失敗，「發現」了「反放射性有機物（歐拉納）」。

在煙霧感應器中所含有的微量放射性物質中，也會發生歐拉納。此外，在電視、電腦處也會發生。如果世上真有這種物質存在，那麼就可能會和戴奧辛並駕齊驅，對現代社會造成威脅。萊西研究所認為要加以排除，則使用氫氧化鈉或食鹽都有效。雖然不能夠完全去除，但是，可以恢復到能夠繼續做研究的程度。

大家可能會覺得這是一位非常奇怪的瘋狂科學家，實際上在做歐拉納實驗時，實驗動物全都死亡，而且沒有人能夠在研究所中待上十分鐘。有來自周圍的壓迫感，進入裡面的人會頭痛、心悸、極度潮紅。事實證明的確有這種物質存在。有幾名學者想要試著進行「cloud-buster」或「DOR buster」的追加實驗，但是全都失敗。

萊西在晚年被美國食品藥物管理局逮捕，死在獄中。但是他的研究得以繼承，現在已經在銷售去除歐拉納的裝置。

9 風水有科學根據嗎？

街頭巷尾的「風水占卜」不是其真正面目

◆過著與自然調和的生活才是風水的根本

風水的根源來自於都市計畫。也就是思考該如何打造一個與自然調和的理想都市，後來應用在住宅的建造上面。

基於風水的都市計畫，不能夠與自然或人類對立。計畫地的山的排列、河川的流向、陽光、風向等，都需要觀察清楚，和自然調和，雖然有時要加入一些改變，但還是需要利用自然中能量的流通，才能過著舒適愉快的生活。這種「場的能量」的想法，並不是西方的想法。不過，最近有人提出這是值得考慮的想法。

◆有心理學的影響！不光是占卜，也包括風水的判斷在內

風水也要考慮到心理學的影響。在自己所坐位置的對面，隨時可以看到窗外隔壁建築物的角，就會令人覺得不平靜。當天花板特別低時，無法擴展視野，也會產生壓迫感。在這種地方生活，壓迫感會使得身體失調。背對入口坐在辦公桌前工作，每次入口開關時，就會產生緊張感，缺乏集中力，結果就會形成神經性疾病。

風水所顯示的「心理學的」凶宅

①夾在高樓大廈之間的住宅　②正對丁字路口的住宅　③對準附近住宅的角的住家　④在自家門前有大樓林立的住宅

真正的風水和以往成為話題的風水有所不同。真正的風水具有邏輯性，目前已經知道許多部分。現在的人比較不重視**占卜的部分**，而重視原本來自於中國的風水。

在日本比較暢銷的風水書不是中國式的，而是日本自行發展的以「氣學」為基礎的風水書。關於方位，則是由氣學系統的占卜師藉著看風水用的「羅盤」，利用八方位和「家相盤」的二十四方位來看。

風水發祥地中國，則會充分活用更細微的層面，有八宅派、飛星派等幾十個流派，不像日本的「氣學」那麼統一。

***占卜的部分**

提到占卜，中國的易經原本是討論世界是如何構成的哲學。此外，用陰和陽來表示一切的易經，對於採用0和1二進位法來表現及記憶的電腦的構想也造成影響。

10 為什麼舞蹈竿很準呢？

存在於技術與超能力的「夾縫中」

在西方，為了找尋水脈，或是發現各種礦石的礦脈而發展出來的技術，就是舞蹈竿。對此感到懷疑的日本，利用這項技術，也能正確的找到鋪設已久的老舊自來水管，因此，公家機構也使用這種技術。但這是否有理論上的根據呢？

◆從水脈、礦脈到癌症都可以了解

這個理論的根據，就在於「物體所具有的固有振動（自然振盪）及其造成的能量放射」。亦即掌握人的無意識，藉著沒有意識到的微妙的肌肉運動，將反應傳達到舞蹈竿或鐘擺上。事實上，從測定裝置可以發現，物體具有固定振動，能夠使得無意識當中的肌肉運動移動竿子或鐘擺。但是，問題在於為什麼人對於埋在地下的物體的固有振動、放射能量都**捕捉得到**呢？

類似的例子是「O環測試」。用手指形成圓圈，利用這個圓圈力量的強弱，得知各種事物。在醫療現場可以藉此發現患部，並找出有效的藥物。

＊捕捉得到
此外，還有人認為也許可以感應到水的流動所產生的微弱電流。不過關於其構造則不得而知。

試著進行O環測試的實驗

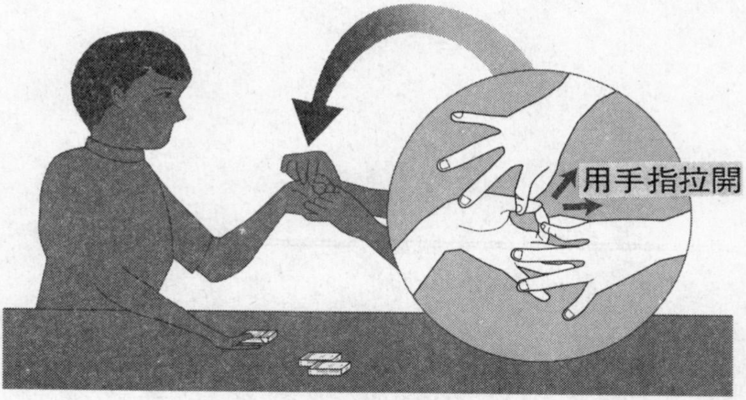

◆可輕易體驗到的O環測試

舞蹈竿可以利用衣架做成的L竿或把硬幣綁在線上的鐘擺來做實驗，而O環測試則更簡單。被實驗者用兩根手指做成環狀，另一人也做成同樣的環，勾住被實驗者的環，看看能不能將其拉開。首先被實驗者用另一隻手拿著牛奶糖盒，這時就算想把用手指做成的環打開也打不開。但是，如果讓他拿著菸盒，力量卻會突然放鬆，手指的環**立刻就被打開了**。

關於這些能力，雖然無法以邏輯的方式來解釋，但是卻具有普遍性，只要稍微練習，就可以使用這種「技術」。如果這不能算是超能力，那麼「超能力的定義」到底是什麼呢？

＊立刻就被打開了　接下來可能要做「試試看酒瓶」的實驗了。

【主要参考文獻】

『宇宙のからくり』山田克哉（講談社）
『生物進化を考える』木村資生（岩波書店）
『やさしくわかる量子力学』久我勝利（永岡書店）
『身近な世界の不思議な科学』都筑卓司（ＰＨＰ研究会）
『科学・知ってるつもり77』東嶋和子（講談社）
『禁断の超「歴史」「科学」』（新人物往来社：別冊歴史読本特別増刊）
『科学・謎？なぜ？読本』（宝島社：別冊宝島）
『パッシブデザインとＯＭソーラー』奥村昭雄（建築資料研究所）
『水撃ポンプ製作ガイドブック』鏡研一ほか（パワー社）
『そこが知りたい！遺伝子とＤＮＡ』久我勝利（かんき出版）

『そこが知りたい！宇宙の不思議』鳥海光弘（かんき出版）
『手にとるように心理学がわかる本』渋谷昌三（かんき出版）
『図解雑学 科学のしくみ』児玉浩憲（ナツメ社）
『やってみませんか 家庭でできる生ごみの処理』森忠洋（パワー社）
『科学・178の大疑問』Quark&高橋素子（講談社ブルーバックス）
『格闘技「奥義」の科学』吉福康郎（講談社ブルーバックス）
『ワンダーゾーン』よみうりテレビ編（青春出版社）
『怪談の科学』中村希明（講談社ブルーバックス）
『太陽電池を使いこなす』桑野幸徳（講談社ブルーバックス）
『「気」で観る人体』池上正治（講談社現代新書）
『「気」の不思議』池上正治（講談社現代新書）

【主編介紹】

鳥海　光弘

•1946年出生於日本神奈川縣。畢業於東京大學理學部，修完該研究所理學系研究科博士課程。擔任東京大學綜合研究資料館助手、愛媛大學理學部副教授、東京大學理學部教授。現為98年度新設東京大學研究所新領域創成科學研究科教授。專攻複雜理工學。研究岩石學，尤其是變成作用的物理及地球內部的流變學，最近則研究固體地球現象的複雜學。

•將身邊的物理現象及宇宙創造生存的構造全納入研究範圍，當成複雜系的科學的實踐，向開拓學問研究領域的目標挑戰。此外，在市民大學講座中也相當的活躍。態度和藹可親，對於尖端科學有廣泛的見識，深獲好評。

•著書（合著）包括『地球與固體的流變學』、『地球行星科學講座』、『想要了解宇宙的神奇』等。

國家圖書館出版品預行編目資料

圖解科學的神奇／鳥海光弘主編　久我勝利　佐久間功著
李久霖譯
——初版，——臺北市，品冠文化，2003〔民 92〕
面；21 公分，——（熱門新知；4）
ISBN 957-468-201-3（精裝）
1. 科學—雜錄　2. 科學—問題集
307　92000434

圖解 科學的神奇

ISBN 957-468-201-3

主 編 者／鳥海光弘
著　　者／久我勝利　佐久間功
譯　　者／李 久 霖
發 行 人／蔡 孟 甫
出 版 者／品冠文化出版社
社　　址／台北市北投區（石牌）致遠一路 2 段 12 巷 1 號
電　　話／（02）28233123・28236031・28236033
傳　　眞／（02）28272069
郵政劃撥／19346241
E-mail ／ dah_jaan@yahoo.com.tw
承 印 者／國順文具印刷行
裝　　訂／源太裝訂實業有限公司
排 版 者／弘益電腦排版有限公司
初版 1 刷／2003 年（民 92 年）3 月
初版 2 刷／2003 年（民 92 年）4 月

定　價／230 元